你看起来
好像需要打个盹

树懒的哲学小书

The Little Book of Sloth Philosophy

[加] 詹妮弗·麦卡特尼 著
肖心怡 译

江苏凤凰文艺出版社
JIANGSU PHOENIX LITERATURE AND
ART PUBLISHING, LTD

图书在版编目（CIP）数据

你看起来好像需要打个盹：树懒的哲学小书 /（加）詹妮弗·麦卡特尼（Jennifer McCartney）著；肖心怡译. —南京：江苏凤凰文艺出版社，2020.3

书名原文：THE LITTLE BOOK OF SLOTH PHILOSOPHY

ISBN 978-7-5594-4406-6

Ⅰ. ①你… Ⅱ. ①詹… ②肖… Ⅲ. ①人生哲学－通俗读物 Ⅳ. ①B821-49

中国版本图书馆CIP数据核字（2019）第293501号

江苏省版权局著作权合同登记：图字10-2020-16号

书　　名	你看起来好像需要打个盹：树懒的哲学小书
著　　者	［加］詹妮弗·麦卡特尼
译　　者	肖心怡
责任编辑	孙金荣
策划编辑	赵芳怡
责任校对	张婉宜
出版统筹	孙小野
版权支持	张晓阳
封面设计	末末美书
出版发行	江苏凤凰文艺出版社
出版社地址	南京市中央路165号，邮编：210009
出版社网址	http://www.jswenyi.com
印　　刷	三河市金元印装有限公司
开　　本	787毫米×1092毫米 1/32
印　　张	6
字　　数	96千字
版　　次	2020年3月第1版　2020年3月第1次印刷
标准书号	ISBN 978-7-5594-4406-6
定　　价	45.00元

（江苏凤凰文艺版图书凡印刷、装订错误可随时向承印厂调换）

CONTENTS
目录

Part One

树懒教育

Part Two

树懒哲学实用指南

我不再费劲尝试了，这感觉棒极啦！

Part One

树懒教育

树懒哲学欢迎你

慢下来，别着急，放轻松。不要在泳池甲板上跑步。这社会不断鼓励我们去接受平静、缓慢和正念，而且理由很充分。科学研究已经证明，慢下来有很多好处——从帮助管理慢性疼痛，到提升幸福感、减少压力等。

然而，真让自己慢慢来的时候，我们却总会感到羞愧。在这个高度紧张的社会里，让别人觉得你懒惰可是罪孽深重的一件事。（懒惰也是基督教的“七宗罪”之一，如果这对你来说是个问题，那么这本书绝对不适合你。）上帝允许你用冰箱里的鸡蛋和芥末酱或是其他什么东西做一顿完美的营养均衡的饭，却禁止你偶尔躺在沙发上吃一堆薯片和奶酪……去做点什么吧！去铺床！去预定一个度假行程！去回短信！去喂孩子！而我们也就这样做了。正因为如此，我们的生活常显得忙乱不堪，时间紧迫。

在我们生活的世界里，人们把慢跑当成放松，要靠冥想App来提醒自己深呼吸，你甚至能买到收缩膜包装的削好皮的橙子。（我可没时间削皮，我太忙了！）正因为这样，我们比任何时候都应该放下对懒惰的担忧，慢下来。慢下来带给我们的好处数不胜数。是时候找回我们的惰性了，是时候找回我们失落的时间，躺在床上抗议这种你争我夺的生活了。若要为这场“慢下来”的运动找个吉祥物的话，还有什么比我们优秀又可爱的树懒更适合的呢?

树懒四肢修长，长着两根或者三根趾头，微微蓬松杂乱的毛发，眼睛睁得老大。它们是世界上最可爱的（也是最懒的）动物之一。这些亚马孙的居民不仅对中美洲和南美洲的热带雨林至关重要，它们在生活方式上也能教给我们很多东西。

树懒就是正念的代表。它们深思，从容，放松，专注。它们不关心政治，不关心谁喝光了牛奶，也不关心计步器上的数字，没有什么事能让它们感到压力。它们的座右铭是：“慢慢活，管他死在何时。”它们是美妙的动物。它们抵挡住了要变得高产高效、要追求成功的社会压力，就这么在这个星球上生活了几千万年——这证明了它们的生活方式的智慧，不是吗？它们一定是做对了什么。而现在，你也可以拥抱树懒的哲学，过树懒般的怠惰生活。这是一种简单的思维方式，也是一种美妙的生活方式——更何况，尝试树懒的生活方式并不难。实际上，你会非常高兴地发现，这基本上不怎么费劲——这也正是树懒哲学的精髓所在。

所以，不要着急，做好放松的准备。手边有毯子吗？有法兰绒睡衣吗？要不再来一杯热茶？好了，现在可以继续读了。让我们尽情汲取树懒的“慢”智慧吧。

请注意，树懒哲学和“舒适惬意”（hygge[1]）这一概念中最好的/最不荒唐的部分异曲同工，但我们可不需要那些蜡烛和袜子什么的。树懒哲学不仅仅是花点时间吃上块饼干而已。再说“树懒”可比“舒适惬意”好念多了。

[1]“hygge”是丹麦语，代表一种北欧特有的舒适、安逸的状态。在对“hygge”的解释中，最常出现的意象是点着蜡烛或燃起壁炉，穿着毛茸茸的袜子，窝在家里和爱的人吃着自制的美食，所以作者在下文中提到蜡烛和袜子，以及饼干。——译者注

这本书我已经读了四年啦，我对这速度很满意。

遵循“慢”方法，过树懒般的生活

树懒哲学的准则就是——慢下来。试着去遵循以下列出的“慢”方法吧，这是为了帮助你轻松地融入这个世界。这四条简单的建议将帮助你成为最好的、最如树懒般的自己。

S

睡懒觉。（Sleep in.）这世界似乎对控制大家的睡眠时间有种奇怪的强迫症。一方面，我们都被反复告诫睡眠的重要性，可另一方面，睡眠不足有时却被视作某种荣誉勋章。“噢，她自己开公司，每晚只睡四小时就够了。她太累了，没精力去享受，让我们为了这给她颁个奖吧！”但要是你睡了12个小时呢？睡得太多了，你会得上什么懒惰症之类的。为什么要对睡懒觉抱有求而不得的痴迷呢？直接去做就好了呀。睡眠对你有好处。做梦对你有好处。这对你的皮肤和免疫系统都大有裨益——至于那些电子邮件嘛，在你向羽绒被之神致敬的时候，它们完全可以再等上一两个小时。

L

把手机留在家里。（Leave your phone at home.）这一点似乎很显而易见，但光是想想不带手机这件事就可能让你焦虑症发作。没有了GPS，你该如何找到最近的星巴克？相信我吧，你会找到那么一家的。我们都太依赖电子设备了。看屏幕的时间太长，导致我们的大脑退化，让我们的腰围渐长。不要每隔几分钟就看一次手机，这对你有好处，但确实也很难做到。所以，作为一个开始，下次你出门去商店，或是去街对面的咖啡店买一杯澳白咖啡的时候，试着把手机留在家里吧。看看离开这口袋里的高科技五分钟、十分钟，是一种怎样的感觉。就这样坚持几天、几周，一步步把时间延长到几个小时。通知消息什么的，大可以等你回到手机旁再说。在这几分钟或几个小时的时间里，深呼吸，享受一下不必百分百被整个世界随叫随到的自由吧。如果你不能忍受把手机留在家，就试试打开飞行模式——你懂的，就像你在飞机起飞前要切换飞行模式一样，为了让飞机不至于被你的Wi-Fi搞坠毁。

○

选择退出。（Opt out.）要想拥抱树懒的生活方式，你就得调整一下自己的态度。你需要做出选择，选择告别那种自己需要永远在线、永远高效、随时保持忙碌和投入的想法。偶尔效率低一些并没有什么问题。实际上，树懒哲学认为，这对保持你的心理健康至关重要。从实践角度来说，选择退出的意思就是少做你不想做的事情。当然，生活中有很多责任和义务，其中有一些对你自己和你爱的人意义重大，包括喂猫或是付房租。但同时，我们也花了很多精力在我们不一定想做，或者不一定需要做的事情上。要慢下来，拥抱树懒哲学，就是要明白你不需要为所有人做所有事，或是成为他们的一切。如果忙碌让你非常痛苦，那它就不是一种荣耀。

W

“急什么？”（“What’s the rush?”）当你感到不知所措或是压力很大时，重复这句话。问问自己你是否真的需要马上做某件事，为了做这件事，你是否忽略了自身的需求呢。如果你正打算去春天的阳光下散个步，却收到会计师的短信说有份文件找不到了，你为此去查电子邮件，结果打开邮箱看到朋友的来信，问你关于明天去乡下郊游的计划，你开始写回复，但首先你得研究一下之前听说过的那个艺术画廊，好在回复里附上那地方的网站链接。做完以上这些，时间已经过去了一个小时，而且不知怎的，你还从ASOS网站上买了四双鞋（这同时也提醒了你，在郊游之前，你还得把鞋子洗了，把冰箱里那棵烂掉的生菜扔了，还得给学校打个电话）……你应该重新考虑一下这些事情的优先级。往后退一步看看，试着为事情给你带来的紧迫感找到合适的定位。还记得我们共同的过去吗？在过去，我们的祖父母和他们的朋友、家人要通过纸质的信件交流，送信的交通工具还只有船只。他们互相之间聊聊天，就需要花上几个星期。可即使这样，他们也都活了下来。深呼吸，把手头的事情先放一放，或者明天再说。说不定不做也没问题。要是你选择先去散步，有什么人或者什么事会因此受到影响吗？

Quiz / 小测试

测测你的树懒人格

1. 你最喜欢的书是：（ ）

A. 趣味性和娱乐性的读物，最好有插图，漫画之类的就不错。

B. 最新的优秀文学作品，比如扎迪·史密斯或阿莉·史密斯的书。

C. 最好是关于占星术的，而且肯定得是有声书（这年头谁还有精力一直捧着一本纸质书？）。

D. 一本火速完成出版流程上市的、一个出名不到八个月的人的自传。

E. 鼓舞人心的心灵鸡汤类读物，比如如何努力生活、努力工作，充分热爱你的生活等。

Quiz / 小测试

2. 当你的老板告诉你，某件事需要你马上去完成，你会：（　　）

A. 冲她竖个大拇指，下决心午饭后就开始做——嗯，也许明天午饭后吧。

B. 自己默默冥思苦想，找到完成这件事的最好方法。

C. 先打个盹再说。

D. 拿上点零食，上网找个教你如何以最好的方法完成这件事的视频看一看。

E. 清空你的日程表，打开表格文档，等着焦虑来袭。

3. 零食时间到，你会吃哪种呢？（　　）

A. 芝士口味的小吃

B. 绿茶和寿司

C. 麦片加棉花糖

D. 一瓶代餐饮料

E. 节食水

4. 如果用一句老话来概括你的人生观，你会选哪一句？（　　）

A. 总有个地方现在4点20分。

B. 沉默不是空洞的，它充满了答案。

C. 睡觉，偶尔做梦。

D. 藏起你的妻子，藏起你的孩子。

E. 努力工作，努力挣钱。

躺在阳光下，始自1981年。

Answers / 答案

选A多的： 白日梦树懒。没有什么事能让你困扰。你喜欢就那么吃着你的树叶，在一片祥和中放松自己。朋友们喜欢你不搞事、悠闲自在的生活方式。

选B多的： 冥想的树懒。你是一只独立、内省的树懒。你喜欢海滩，喜欢天秤座或天蝎座，喜欢花时间涂指甲油和读读书。你渴望的是智力上的刺激、独处和自我照顾。

Answers / 答案

选C多的： 树懒女神埃吉娅[1]。有些人精力充沛、讲求实际、积极进取，其他人呢，和你一样，专门做梦——你就是为你的下一次午睡而活。你知道，睡足十二个小时是最好的充电方式。你和树懒女神埃吉娅一样，就是为懒惰而活着。

选D多的： “我来给你介绍最新的树懒搞笑视频。”——这就是你。你的树懒人格就是成天坐在电脑前[2]，而且你在社交媒体上至少有一条帖子被疯狂转发。你热爱流行文化，关注最新的搞笑视频，体验最新的流行

[1] 埃吉娅（Aergia），希腊神话中的懒惰女神。树懒的英文是“sloth”，该词也有“懒惰”的意思，作者在这里用了一个双关。——译者注

[2] 但你的电脑桌可不是那种高高的要站着用的，你也不会把电脑放在跑步机前。你只坐着看屏幕。

趋势，然后把脚搭在桌子上肆意放松。你的朋友很爱你，因为你毫不费力就能了解一切。

选E多的：狂躁的树懒。你不那么像树懒，倒像是头猎豹。记住我们说的“慢”方法，试着放轻松一点吧——老这么到处跑来跑去可是对你的健康有害哟。事实上，树懒们如果移动得太快，就会因为消耗太多能量而死。记住这个警告吧。

欢迎参观我的书堆，这应该够我看一辈子的啦。

信奉树懒哲学的名人

树懒哲学也有它自己的英雄——那些赖床、做事拖沓、经常休息，却（令人惊讶地）还是能够在自己的时间里把事情做出来的男人和女人。因为他们的名气和成就，你可能不会把他们和树懒般的生活方式联系在一起。但是请放心，即使你先休息一会儿，很可能最终还是会把事情完成——就像你在这一章里即将读到的那些人生赢家那样。

道格拉斯·亚当斯

《银河系搭车客指南》（*The Hitchhiker's Guide to the Galaxy*）[1]这个书名是作者道格拉斯·亚当斯喝醉酒躺在田野里的时候想到的——这可不是他第一次靠喝醉酒或者打盹获得灵感了，所以，让我们都从这其中得到点启发吧。他对截稿日期的态度也是出了名的糟糕。他说："我真是爱死截稿日期了，我爱它从我身边溜走的时候发出的嗖嗖声。"据报道，负责与之合作的图书编辑曾有一次和这位作家一起在酒店房间里闭关了三个星期，就为了让他能交上《再会，谢谢所有的鱼》（*So Long, and Thanks for All the Fish*）[2]的书稿。他甚至记起自己在大学里也还是做过那么一点事情的——写完了三篇小论文。尽管如此，他还是毕业了，并成了英国最成功、最知名的作家之一——这一切都是按照他自己的节奏进行的。

[1] 也有译本译作《银河系漫游指南》。——译者注

[2] 也有译本译作《拜拜，多谢你们的鱼》。——译者注

列奥纳多·达·芬奇

猜猜我们著名的树懒哲学英雄达·芬奇花了多长时间才完成名作《蒙娜丽莎》？（别忘了这只是一幅21英寸×30英寸的小画噢。）一年？三年？学者们认为，他可能花了整整十五年。再列出一个事实作为比较：勤勉上进的米开朗琪罗画完整个西斯廷教堂也才花了四年时间。今天，我们很少有人会关心历史人物做某件事花了多长时间，重要的是，当他们想动手去做的时候，他们就做成了。另外还有一份为期七个月的委托，达·芬奇也花了二十五年才完成——他于1483年收到了画作《岩间圣母》的第一笔委托款，而尾款一直到1508年才收到。那么，他休息的时间都在做什么呢？涂鸦，发明直升机、降落伞和坦克。

不管从哪个方面看，墨尔本勋爵都不过是位再普通不过的英国首相。他没有领导过任何战争，也没制定出什么引人注目的政策。人们对他最深的印象是其在任期间的婚外情，以及他与维多利亚女王的亲密关系。他的默认状态就是——什么也不做。他的口头禅是："为什么不放手呢？"（还有"推迟"和"延期"这两个词。）他很好地完成了自己的本职工作——这应该是我们所有人追求的目标。

弗兰克·劳埃德·赖特[1]

让我们来见证一下，在一个任何树懒哲学的追随者可能都很熟悉的场景下（那些惯于相信要提前几个月为每件事做好准备的人，会为此恐惧和战栗），弗兰克·劳埃德·赖特是怎么做的吧。在一个项目中，他明明什么事都还没为客户干，却在最后一刻画了张草图，好向其证明他一直都在工作。据他的徒弟们说，有一次赖特意外接到一通来自客户老埃德加·考夫曼的电话，说他正好在附近，想顺道过来一趟，看看赖特把他的新房子——“流水别墅”设计得怎么样了。赖特告诉这位商人，他一直在忙着设计呢，可事实上，自打九个月前他俩第一次见面以来，他连碰也没碰这个项目。考夫曼开了两个小时的车来见赖特，我们这位建筑师就在这期间迅速为这座后来举世闻名的建筑画好了草图。这给我们所有人上了一课：表面上的懒惰，往往是做事情最有效的方式。既然是两个小时就能完成的事，又为什么要去花上九个月呢？

[1] 20 世纪美国著名建筑师。——译者注

伊迪丝·华顿

这位著名美国作家、《欢乐之家》（*The House of Mirth*）的作者喜欢躺在床上写作。（如果我们都在马萨诸塞州有豪宅，我们可能也会这么做。）她的朋友盖拉德·拉普斯利这样描述这位作家的典型一天：“她的写字板放在膝盖上，上面还摆着个摇摇欲坠的墨水瓶，左胳膊肘下趴着她的宠物狗中随机的一条，床上到处散落着往来信件、报纸和书。”狗，书，还有一张床，是不是听起来特别合理呢？要好好完成工作，不需要灰色的小隔间，也不需要像模像样的工作椅。实际上，伊迪丝·华顿故居修复组织已经复原了作家的豪华卧室套间（包括卧房、化妆室和浴室），也就是她写作的地方。你可以去亲眼看一看，找到些启发。

柯莱特

柯莱特到了三十多岁的时候还觉得自己是个失败者，那时她的写作生涯还完全没有开始。（在一个十七岁的孩子动不动就取得什么了不起的成就的世界里，你很容易就会觉得自己老了，错过了成名的机会。）尽管如此，她还是坚持了下来，在一套非常严格的写作程序的帮助下坚持了下来：柯莱特只有把她的法国斗牛犬打理得漂漂亮亮以后才会开始写作。听起来很合理。

“写作是闲散人等的快乐和痛苦之源。”她如是说。

要是我的手指能对起来，

我就会摆出瑜伽圣音（OM）吟唱的手势。

Part Two

树懒哲学实用指南

健康与养生

在一个极限运动盛行，
每周工作85小时和吃快餐的世界里，
树懒的健康养生哲学能帮助你慢下来，
放轻松，重获平静。

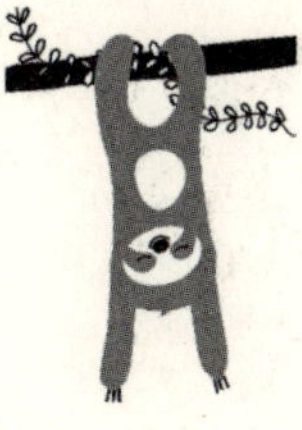

慢下来，更健康

想要快速解压，试试放慢步伐。

——莉莉·汤普林

树懒冷知识：树懒是世界上行动最慢的哺乳动物。在地面上，它们最快也只能每分钟移动4米。在紧急情况下（比如接下来四五天里非上个厕所不可的时候），这个速度也可以达到每分钟4.5米。

运动鞋公司、健身博主和奥运会都想让我们相信，在极限运动和高强度体育锻炼中奋力拼搏是令人钦佩的。因为，高强度的有氧运动除了对我们的身心健康有好处外，在今天，它还成了自律和专注的代名词。运动要适度？不存在的。没事儿就去跑个马拉松，一天做上50个仰卧起坐，去爬爬乞力马扎罗山——这就是社会鼓励我们去追寻的健康和长寿之路。上帝保佑那些脚踝不好或者内耳有毛病的人吧。

但现在，树懒哲学告诉你：锻炼是笨蛋才干的事。或者咱们换个委婉点儿的说法：保持健康的方法不止一种，你大可不必非得在18小时的超级马拉松比赛中把自己折磨得不成样子。科学家们正在研究树懒已经知道的事：缓慢地运动对你有好处。对，你没听错。已有研究证实，瑜伽和太极（又称“慢速运动疗法”）可以减少慢性疼痛，报告甚至显示，这些轻松运动的练习者对鸦片类镇痛药物的摄入都变少了。2008年在波士顿塔夫茨医学中心进行的一项研究发现，12周的太极练习帮助关节炎患者减轻了疼痛和压力。至于为什么这些低强度运动的效果那么好，有一种理论解释是：慢速运动可以提高我们的放松反应，这进而帮助我们降低应激反应，增强免疫功能。就连快步走一走也是一项有益的运动——而且比起跑步，它可要对你的膝盖友好得多。

不管你选择做哪一种慢速运动，其关键都在于缓慢而有节奏的呼吸，以及有控制的动作。这让你想起什么了吗？没错，树懒！所以请记住，保持体形和改善健康的方法不止一种。

深呼吸，哪怕头朝下

树懒冷知识：树懒的内脏位置是固定的，这样它们的体重就不会压迫到膈，肺也就不会受到挤压。这让它们在任何体位下都能轻松地呼吸——这是进化的需要，毕竟树懒最喜欢的体位是头朝下。

好好呼吸听起来是件很容易的事，毕竟我们都靠这个活着呢。你大概会想：我现在不就正呼吸着吗？有什么大不了的？可问题是，很多时候我们并不能有效地呼吸，而不能有效呼吸将对我们的健康产生负面影响。我们的身体太紧张，或者弯腰驼背，或者心烦意乱，每次吸进去和吐

傻瓜才会直立，拥抱颠倒人生。

出来的空气都不过那么一点点。电脑和压力是这个问题的罪魁祸首。坐在电脑前打字的我们，糟糕的姿势让肋骨挤压膈，使肺没有了扩张的空间。压力会让我们的呼吸又短又浅，这种情况又叫“换气不足”。

深呼吸是一项重要的练习，它可以帮助你减轻压力，还能降低血压。它能增加血液中的氧气含量，促进身体复原，甚至还被认为可以减轻炎症。南卡罗莱纳医科大学2016年的一项研究发现，仅仅20分钟的呼吸练习就让唾液细胞因子（炎症的生物标志物）减少。这也就是说，短短几分钟的正念呼吸就可以在分子水平上使我们身体的情况得到改善。由于好好呼吸的神奇之处得到了科学证实，你会发现，从瑜伽修行者到军人再到运动员，大家全都在练习呼吸的技巧。身体立直，肩膀后旋，给你的肺足够的扩张空间，深呼吸。再来一次。继续。感觉很好，不是吗？

如果我不那么懒的话，我会去数星星的。

当然，只需要看看是最好的啦。

寻找安静的地方

树懒冷知识：树懒的耳朵非常非常小，它们的听力很不好。它们大部分时间都生活在一个相对沉寂的世界里。啊，多么幸运……

噪声污染对我们的身心健康都十分有害，而且我们和树懒不一样，当被噪声淹没时没法往树顶上躲。长时间处在噪声环境，会导致听力丧失、睡眠障碍、高血压和压力水平上升。世界卫生组织建议住宅区的噪声不应超过50分贝，但对世界上的大部分人来说，这只是个一厢情愿的美好愿景。（为了让你们更好地理解50分贝是什么概念，这里举一些例子供参考：警笛声大约为120分贝，建筑工地的噪声可能在80到90分贝之间，一辆飞驰而过的地铁列车噪声约为80分贝。）我们的城市如此嘈杂，科学家们发现连知更鸟都不再在白天歌唱，而是改到了晚上。不论鸟儿们通过歌声要传递什么样的信息（可能是皇室家族又新添了一个小宝宝），只要是在大城市，它们都不可能在白天完成了。如果以“每1000名居民中会抱怨噪声问题的比例”作为评判标准，全英国最嘈杂的10个街区，有8个在伦敦——这或许并不让人意外。伦敦人还真是很热爱社交聚会呢。纽约也好不到哪里去，那里每年的噪声投诉成千上万——“不夜城”的名声可不是白来的！

虽然大多数人无法选择自己在哪里生活，我们却能够采取一些措施来缓解自己遭受的噪声污染。所以，除非你打算马上就搬去远离城镇的小木屋生活，我在这里也给你列出了一些常识性的方法，能帮助你获得更加平静和安宁的生活：

出门时：

- 戴上耳塞或是降噪耳机。
- 不要靠近繁忙的建筑工地、喧闹的派对或嘈杂的地铁，去公园里走一走吧——去看看狐狸们在做些什么。

在家时：

- 如果你家住在繁忙的街道上，考虑装个隔音窗吧。
- 买一个白噪声机（或者下载一个白噪声的手机App）。
- 把你的孩子送去寄宿学校。[1]
- 把爱叫的狗狗换成一只安静的猫。[2]
- 去一个远离城镇的地方给自己放个小假。

多亏了更好的城市规划，城市居民可能很快就要有喘息的机会了——人们希望用自行车道或轻轨来代替马路，并投资研发更安静的火车和地铁。但在这一切变成现实之前，在你有机会的时候，停下脚步，留意一下，仔细倾听你周围的声音。如果日常生活中嗡嗡吱吱的噪声让你受不了了，就找一个安静的地方逃避一会儿吧。当你在这样一个地方的时候，来打个盹好了。

---

[1] 我是开玩笑的，不过这么做确实可以让你的生活更加平静和安宁，所以……你自己看着办吧。

[2] 同上。

慢慢的，树懒。

这样慢慢的，树懒。

慵懒地挂在树上睡觉的，树懒。

每一天，都是星期五啊。

不要被批评者打倒

法国博物学家乔治·布封是第一个描述树懒的人。在1749年著就的有关生命科学的百科全书里，他是这么写的："这种奇怪又拙劣的造物带来的结果是：迟缓，习惯性的疼痛，以及愚蠢。这些树懒是最低级的生物。再多一样缺陷，这东西就别想活下去了。"写得还真不客气。

生活有时会很艰难——不管你是树懒还是人类，别人都可能对你的外貌、生活方式、你身上那些被认为是"缺点"的特质评头论足。他们可能会说些刻薄、小心眼的话，给你的精神健康带来负面影响。要是在网络环境里，有些评论甚至可能很残忍。而我们常常是自己最苛刻的批评者：你可能会觉得没有人相信你，觉得自己不胜任自己的职位，觉得自己把事情搞得一团糟，觉得

“破坏我们珍贵的雨林可是我不能容忍的，

但尽管你犯了错，我还是爱你。”

自己不值得被爱。

但幸运的是，树懒并不知道它们“迟缓”又“愚蠢”，也不知道某个科学家认为它们是最低级的生物。要是把布封的负面评价放在心上的话，它们可能早就放弃了，它们会想：“我再怎么尝试改变，又有什么意义呢？反正也没有人喜欢我们。造物主设计出我们就是个错误，我们就是个奇怪的错误。”然而，它们躲开了绝望，逃过了灭绝，活到了现在这个时代，悄悄成为地球上最是有趣迷人的动物。它们的缓慢是一种天赋。它们不同寻常的身体构造很可爱。它们过着缓慢而懒散的生活，一如既往。

树懒一直活在自己的真理中，是我们这些外人改变了思维方式，发现了它的价值。

我的朋友，这就是树懒的生活方式。无视那些批评者，自己想怎么做就怎么做吧。而最终，如果那些批评你的人足够开放、足够开明，他们甚至可能会开始欣赏你。[1]

---

[1] 要是不会的话，别搭理他们。你是最棒的。

有时候，能抱住点什么就很好，不管是你的好朋友还是一棵树。

树是你的朋友：拥抱森林浴

树懒冷知识：树懒生活中的大部分时间都在树上度过。它们热爱自然远多过爱人类。这或许也是它们能活得如此放松的原因之一吧。

你可能也读到过一种又酷又潮的养生方式，叫作“森林浴”（那些一本正经的人不用担心，你可以穿着衣服“森林浴”的）。这种方式流行自20世纪80年代的日本，那里的人将其看作预防医学的重要组成部分。日语“shinrin-yoku”直译过来就是“森林浴”或者“沐浴在森林的氛围里”。科学证明，花时间和自然接触——按字面意义上说就是看树——能降低血压和压力水平，还能提高睡眠质量，改善情绪，提升能量和注意力。树懒们显然早已经知道了这一点——所以它们才像这样完全没有压力。所以，去找片森林，站在其中吧，哪怕是个小公园也行。吸气，呼气，看看四周，然后，来吧——拥抱一棵树。你会觉得更舒服的。

一小片草地也可以。万一你真的完全不能出门，就试着在室内多放些植物吧。它们能让你的效率和专注度提升多达15%，还能减轻你的压力，给你带来好心情。

树懒的体育哲学

我不认为需要是发明之母——在我看来，发明直接起源于无所事事，可能也起源于懒惰，是为了给自己免除麻烦。

——阿加莎·克里斯蒂

美式橄榄球我们就略过不谈了吧，尽管你只要认真想想，就会发现它实际上是你能想象的最慢的体育运动了——运动员每15分钟大概只需要动3秒，剩下的时间就是站在场上讨论。但我们都知道这项运动有让你脑震荡和脑损伤的风险，所以，还是来看看其他富含树懒哲学精神，同时又不会让你受伤的体育运动吧。

等到树懒们爬上各自的领奖台，时间已经到了早上。

观众们都回家啦。

冰壶

对参与其中的人来说，这是一项难度很大的体育运动，会严重损耗你的膝盖和大腿肌肉。但观看这样的比赛让人放松又兴奋。冰壶石优雅地滑下冰面，前面是穿着厚实的人们为它刷冰开路。这是一项十分有尊严，而且需要团队配合的运动。并且它很容易就能看懂。

沙狐球

这项文雅的运动和冰壶差不多，只是它的速度要慢得多，装备也要更轻一些。参与者们用一根棍子在场地中推一个重量很轻的圆盘，目标是让其滑入得分三角区，最后得分最高的队获胜。由于对体力的要求极低，这通常被认为是老年人的运动。但由于这年头大家都很懒，现在它在年轻潮人中也很流行。

飞镖

这项运动完美体现了树懒哲学，因为它（如果对水平要求不高的话）基本上就是喝酒以及和朋友一起玩乐，偶尔稍稍伸展一下你胳膊和眼睛上的肌肉，往墙上扔个飞镖就行了。通常情况下，当啤酒喝得恰到好处的时候，你和飞镖会达到一个人镖合一的默契点，但再喝下去，你就要开始把它们往桌子或地板上扔了。

游泳

具体一点说，泡热水澡。英国拉夫堡大学的一项研究发现，在浴缸里泡上一个小时的热水澡，可以燃烧约140卡路里的热量，还稍稍降低了受试者的血糖水平。所以，尽情享受桑拿、泡澡和泡泡浴吧，因为被动地消耗热量才是重点。或者悠闲地游几圈也行——反正树懒哲学就是要以一种你自己觉得合适的方式放松下来。

槌球

没错，这也算一种体育运动，我查过了。你很难找到一种比这更文雅、动作更缓慢的运动了。它起源于英国，也可能是法国（树懒哲学的特点就是不被这样的细节所困扰），玩法就是用一根木槌击打一个重重的球，让它穿过铁环门。马奈[1]还画过一群玩槌球的人，诺曼·洛克威尔和温斯洛·霍默[2]也画过。重点是，这项运动进行得如此

[1] 指法国画家爱德华·马奈，他是19世纪印象主义的奠基人之一。——译者注

[2] 两人都是美国画家。——译者注

缓慢，缓慢到艺术家们甚至来得及把它画下来。

意大利室外地滚球

意大利室外地滚球游戏和保龄球差不多，只不过投球不是在光滑的木制球道上进行，而是在沙土上。所以，对那些觉得普通保龄球节奏太快的人来说，这项运动再好不过了。这比赛的规矩是你先把一个小球投到球场上，再投出另外四个小球，尽量让它们靠近第一个球。最后，后来投出的球中，靠近第一个球的球数较多的那个队获胜。在室外地滚球比赛中，参与者有很长的时间只是站在那里，这就让你有空喝酒聊天了——而这可是体育运动中最棒的一部分。人们只要有酒喝，就愿意玩任何游戏，不管这游戏有多奇怪。室外地滚球就非常适合这种情况。

Quiz / 小测试

哪种树懒运动最适合你？

1. 想到真正愉快而又充满体育精神的一天时，浮现在你眼前的场景是：（　　）

A. 一台电视

B. 前面还有很长一段路，人们在道路两旁为你欢呼加油

C. 有马匹，有帽子，还有几个伊顿公学的老朋友

D. 两个有天赋的运动员，或是两支厉害的队伍之间的公平比赛

2. 你最喜欢的运动饮料是什么？（　　）

A. 一品脱啤酒

B. 含维生素B_{12}的蓝色维生素能量水

C. 香槟

D. 柠檬水

3. 最好的运动装备是：（　　）

A. 牛仔裤和Polo衫

B. 采用了气芯技术的透气面料服装

C. 一套亚麻衣服

D. 任意一身白色的衣服

Answers / 答案

选A多的： 飞镖。你是当地的传奇人物。雅各布、威尔和其他人至今都会聊起你在吧台上做单臂俯卧撑做到睡着的那一次。

选B多的： 800米冲刺跑。你精力充沛，树懒运动可能不适合你。但等你老了，你的膝盖会付出代价的。

选C多的： 槌球。你是上流社会范儿的树懒。你不需要做很多事，也不需要行动迅速，因为你会付钱让别人为你做。

选D多的： 网球。对不喜欢运动的人来说，网球这项运动再好不过了。

轮胎漂流在树懒中可流行了，
尽管它们锋利的爪子可能会带来点麻烦。

史上最快乐的人都在吃沙拉。

饮食

现如今，寿司卷里可能含有汞、铅，

或是塑料，我该如何享用呢？

如果我不能自己给孩子做婴儿有机食物怎么办？

喝多少葡萄酒算是过量呢？

树懒的食物哲学就是尽管放轻松，想吃啥就吃啥。

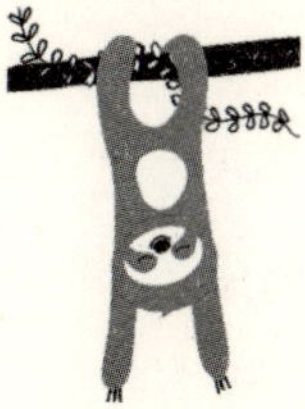

慢慢吃

对慢的追求，是从我们对生活中贫乏的味觉的反抗开始。它让我们有了重新发现美味的可能。

——卡洛·帕特里尼，

“国际慢食运动”的提出者

树懒冷知识： 树懒消化一顿饭可能需要一个月的时间。还有比它们吃得更慢的吗？在动物王国里，就数它们的新陈代谢最慢了。

我们没法控制自己消化食物的速度，但我们能做到把进食的过程放得更慢一些，变得更享受一些。“慢食运动”始于20世纪80年代的意大利，是为了反抗快餐的盛行。它提倡食用新鲜的、产自当地的食物，要是能与家人朋友围坐一桌享用就更好了——也许那餐桌还能让你在阳光下俯瞰地中海，必须是那种六道菜式的西餐，开上好几瓶葡萄酒，餐后还有格拉巴酒和意式浓缩咖啡，就是一顿要吃上九个小时的那种。真是天堂般的享受。当然了，我们总归都会有吃快餐和外卖的时候，因为它们很方便，这也没什么丢人的。树懒的慢食哲学就是用心吃，哪怕你吃的东西并不贵重，并不是什么一个小时前刚刚从农民手上买来的本土有机食品。重要的是，不管你选择吃什么，在哪里吃——不管是在火车上吃点糕饼还是坐在公园的长椅上吃火腿三明治，都要有滋有味地品尝。（如果你对自己吃的东西感到罪恶，那就不对了。）

不过，如果你想把这一点发挥到极致，就学学树懒吧，等到下次太阳出来的时候，出门去野餐。还有什么比坐在阳光下的野餐毯上，和朋友们一起吃吃喝喝更能体现（树懒哲学风格的）“慢食运动”呢？带上奶酪、面包、葡萄酒和葡萄，或者香肠卷和苏格兰蛋[1]——只要是你喜欢的就行，然后慢慢地享用，吃上一两个小时。放松。花点时间去体味，享受你在吃的东西，这也就意味着你给自己带来了快乐。没准你还通过购买食物支持了当地农民（或者当地的印度菜外卖餐馆）。或许你吃得很健康，只吃新鲜食物（也或许你的下一顿饭会更健康，没关系）。不管你现在在吃什么，享受它。这就是慢食运动的精神，这就是树懒的风格。

[1] 英国传统小吃。——译者注

吃点白菜，活得更好

给懒人一个鸡蛋，他们会想让你帮他们剥了。

——立陶宛谚语

树懒冷知识：树懒是草食动物，主要以树叶、嫩枝和水果为食。它们最喜欢啃食的植物是长在南美洲的热带雨林里、生长迅速的蚁栖树。

在你的饮食中增加些绿叶蔬菜，这看起来是条显而易见的建议了（是的，妈妈，我知道这香肠卷和姜汁啤酒算不上均衡膳食的一部分）。但是知道什么对你有好处和做出健康的选择，这可是两码事。当然，树懒哲学不是叫你去做一个福音派基督徒。不管你是肉食加土豆爱好者，还是个素食主义者，树懒哲学告诉你的只是要记得多吃点蔬菜，常吃蔬菜。可是，当你冰箱里的那棵生菜烂成了一摊棕色的泥，你要如何才能吃得更好呢?

幸运的是，现代化社会为我们提供了帮助——转角处可能就有一家卖黄瓜奶昔的果汁店（如果你身在加州的话）。但是说真的，从商店里你就能找到很多简单的办法来帮助你吃下更多的蔬菜。下次点菜的时候，别选火腿，选鹰嘴豆泥三明治吧，或者在晚餐中用烤西兰花来代替土豆。不管你选择了哪种解决方案，多吃蔬菜都会对你的健康产生积极的影响。绿叶植物富含维生素C和K、叶酸、钾和铁等营养物质。科学研究证实，多吃蔬菜的重要好处之一就是可以预防多种疾病，除此之外它还能改善消化功能、强健骨骼——谁知道会不会还有更多其他好处呢？所以，善待你的身体，拥抱树懒哲学，嗯，多吃蔬菜。

就是这绿叶让你兴奋，对吧？

拒绝可悲的办公桌沙拉

树懒冷知识：树懒都是在外面吃饭的，远离它们的树懒电脑。[1]

下定决心每周午餐吃几次沙拉后，下一步就是要避免在办公桌前吃。理由有很多，举几个例子：阳光对你有好处，整天伏案工作对你的身体姿态有坏处，散散步永远都是好的，而与其他人进行眼神交流对你的内心有好处。好好来一个午休还能让你在同事面前看起来不那么丧。

[1] 正如你所想象的那样，树懒电脑的运行速度非常之慢。这带来的好处就是树懒不像我们一样沉迷于网络，所以它们常常出门。

我想说的是，要想过更加树懒式的生活，你需要一个更加多管齐下的方法。八年来，我天天吃着可悲的办公桌沙拉，这没能让我更快乐，也没能让我更健康。（要是我在公园里吃我的沙拉，然后辞职，那这就算健康的选择了。）所以请记住，一边查看工作邮件一边解决掉一份波奇饭搭配西葫芦意面可算不上什么健康饮食。把你的蔬菜餐带出去吃吧，坐在公园里，坐在长椅上，坐在咖啡馆里，坐在某个公共场所的台阶上。利用你的午休时间去做你想做的事情。这午休时间就是为午餐准备的。

懒酒保的树懒鸡尾酒

要调一杯正宗的树懒鸡尾酒，你首先要有一瓶传统的哥斯达黎加烈酒——瓜罗酒。瓜罗酒是一种甘蔗酿的酒，清澈、甘甜。它的酒劲也是很足的，我可提醒过你了哟。

原料：酸橙切块
瓜罗酒60毫升（2盎司）
2茶匙白糖
苏打水
冰块

方法：把酸橙块和白糖放在杯底，一起捣烂；加入冰块、瓜罗酒和苏打水；搅拌。然后就可以喝了！那味道就像是在灿烂阳光下躺在吊床上，和你最喜欢的那只树懒在一起。

尽情享用吧

树懒冷知识： 树懒胃里的东西占了它体重很大的一部分。

树懒会慢慢吞吞地把那么多树叶塞进自己的身体里，以至于它们体重的1/4以上都是未消化的食物。不过，树懒不用担心餐后胃胀的问题，因为它们是树懒，它们只做自然而然的事情。没有人会去告诉它们吃得太多了，告诉它们应该饮食多样化，或者来一次身体内部的净化。

这个世界到处都是这样的健康养生建议，它们存在的目的似乎就是为了让我们对自己的饮食习惯感到无所适从。早上要喝一杯温柠檬水，连续三天每天吃一头大蒜，接下来一周的时间都吃清蒸鸡胸肉加甜菜，嗯，再来个咖啡灌肠，你就没问题了。这太复杂了，也很累人——当然还很贵。树懒哲学的精髓就在于忘掉数字，忘掉什么卡路里、千焦耳之类的热量单位，忘掉什么身体净化，忘掉到底哪种超级食物能让你活得最长。（我们听到的许多食品科学研究都是相互矛盾的。到底是豆奶更健康还是燕麦奶更健康？喝红酒要适量，还是现在我们应该一喝就喝上一整瓶？那咖啡呢？你说睡前吃意大利面有助于减肥？）事实上，只要你不在早餐的时候嚼上几根铅管或是吃上一整盒甜甜圈，你的饮食习惯大概都还算可以。

我们很容易陷入细枝末节，而忘掉更大的图景：我们有足够的食物可以吃，比我们之前的任何一代人都更容易得到健康、安全、富含维生素的食物，我们已经很幸运了。树懒哲学建议你相信你自己和你的身体。重要的是你吃下去、喝下去的东西要能让你饱腹，让你满足。饿了就吃吧。吃，消化。想这么做的时候就这么去做。这是大自然的奇迹！

早上喝完咖啡之后，正是适合打盹的好时间。

实际上，任何时间都是适合打盹的好时间。

Quiz / 小测试

哪种树懒食物最适合你？

1. 你最喜欢的烹饪用具是：（　　）

A. 你的手机，有了手机你就能叫外卖了

B. 微波炉

C. 压蒜器

D. 你的海盗VIKING牌[1]一体式煤电两用烤箱

2. 如果你是一只狗，会是什么品种呢？（　　）

A. 一只猫

B. 一只当地动物收容所救下的杂种狗

[1] 美国著名高端厨电品牌。——译者注

C. 一只金毛

D. 一只柯基

3. **你已经定好了你的下一个小假期，你要去哪里呢？（　　）**

A. 去印度果阿享受海滩时光，再去孟买体验体验不一样的文化

B. 去布鲁日，喝喝啤酒，看看建筑

C. 去马赛，买买手工皂，喝喝法式海鲜汤

D. 去苏格兰高地看鹰

Answers / 答案

选A多的： 咖喱鸡外卖和一杯桑娇维塞葡萄酒。你喜欢丰富、复杂的口感，却又不想应付比点外卖和开瓶红酒更多的麻烦。简单而又优雅——这就是你。

选B多的： 香肠卷加伏特加。你喜欢简单直接、不加缀饰的食物。做起来简单，吃起来也简单，这样的食物最适合你悠闲、随和的个性。

选C多的： 自制的罗勒青酱意大利团子，配一杯金汤力。烹饪对你来说是一种令人愉悦的打发时间的方式，但也不至于特别让你激动。新鲜、经典的自制食物是你的最爱。此外，要是树懒也喝酒的话，它们也会喝金汤力的。

选D多的：野鸡肉配上一杯香槟。食物是一种需要慢慢享用、花上尽可能长的时间细细品味的东西——你喜欢享用高级餐饮的那种仪式感。身边的人都知道，你就是会把一顿午餐从下午吃到傍晚的那种人，其间还要喝掉几瓶香槟。

了解树懒历史
感谢树懒女神埃吉娅

树懒冷知识：尽管人们通常认为树懒是不可知论者，但它们其实也有自己的女神噢。

我们都需要一个可以仰望的对象，让我们从中汲取力量。那是一种更高的力量。树懒哲学拒绝资本主义、压力和速度之神（它们分别是证券交易所、电子邮件和马拉松）。我们对生产力的崇拜已经持续了太久，是时候找一个更符合我们形象的女神了。于是树懒的追随者们把目光投向了古希腊女神埃吉娅（这个词在希腊语中就是“静止不动”的意思）。她是盖亚[1]和埃忒尔[2]的女儿，是懒惰、闲散、怠惰之神。据说她守护着睡神修普诺斯居住的洞穴入口。这倒是份不错的工作，但前提是你能得到这个职位。

埃吉娅说："你看起来好像需要打个盹呢。"
这也许是对所有那些成就非凡的神说的吧。

[1] 盖亚（Gaia）是希腊神话中的大地之神，是众神之母。——译者注
[2] 埃忒尔（Aether）是希腊神话中的太空之神。——译者注

与她相对应的神是赫穆，是冲动、行动和努力的象征。今天，这颗成就非凡的灿烂之星也可能代表着一种忙碌的精神。脚踩高跟鞋叱咤职场，获得应得的报酬。听起来像是压榨人的资本家的胡说八道，对吧？所以，当你被电子邮件淹没的时候，当你为自己宿醉未醒地躺在床上重刷电视剧《火线》而惴惴不安，觉得应该要更高效工作的时候，就去拥抱一下这位懒惰女神吧。如果你需要一句咒语，试试这个：“埃吉娅，赐予我什么也不做的力量吧！”

完成待办事项清单上的第一项也是唯一一项。

睡眠

睡眠是我们的大脑逃避日常生活压力的神奇之事。

它对健康很重要，充足的睡眠会让你感觉很好。

树懒的睡眠哲学可以帮助你优先考虑保证睡眠时间，

拒绝那种少睡觉不但不格外讨厌，反而还很光荣的想法。

睡懒觉，打个盹，晚上早点睡

什么也不做，这之后（或者明天，再明天）再休息休息，这是件多么美妙的事啊！

——西班牙谚语[1]

树懒冷知识：树懒一天要睡10~18个小时。它们可以在任何地方睡觉——通常是头朝下，紧紧挂在树枝上。下次你抱怨在飞机上睡觉不容易的时候，想想树懒的这种专注精神吧。

[1] 根据网上的说法，这是句西班牙谚语。基于我所了解的西班牙生活方式，也就是打盹和在阳光下喝着葡萄酒享受生活，看起来确实挺像的。

好好睡一晚有助于提升幸福感，帮助你集中注意力，改善短期记忆，甚至有助于肌肉的生成。[1]（设想一个满身肌肉的健身界名人，要知道他们搞不好就是整天躺着打盹的。）虽然你可能不像树懒（或者98%的青少年）那样随时随地都能睡着，但保持充足的睡眠依然对身体健康至关重要。实际上，睡眠质量好的人——那些在睡眠障碍量表上得分比较低的人——使用的医疗资源可比那些睡眠不好的人要少得多。这也许是因为，睡眠不足与心脏病、糖尿病和肥胖等健康问题息息相关。那么如何才能得到树懒般的睡眠呢？洋甘菊茶，威士忌，薰衣草油，洗得干干净净的床单，褪黑素，遮光效果好的窗帘，耳塞，把你的孩子送去参加什么群体活动……不管你选择何种方式，重点在于，睡觉是件很棒的事，而保持高效率的重要性被大家高估了。所以，保持身体健康，拥抱树懒的睡眠哲学吧。

[1] 这听来很奇怪，但却是事实。每晚睡 8~10 个小时和断食有同样的效果，这是肌肉生长所需要的分解代谢。

熬夜，拥抱夜晚也可以

傍晚来临之际，懒人们开始忙碌起来。

——德国谚语[1]

树懒冷知识：树懒是夜行性动物，主要在白天睡觉。

世界各地的青少年，这一条是写给你们的。树懒哲学认为，熬夜和睡懒觉是完全没有问题的。实际上，睡懒觉就是“慢”方法中的一个关键原则。但拜那种把赖床和

[1] 这句谚语体现出夜猫子在我们的社会中是如何被误解和中伤的。熬夜完成任务和早起完成任务是一模一样的。

懒惰等同起来的耻辱感所赐，我们从小就觉得晚睡是不好的。于是，我们不光坚信睡眠要充足，还痴迷于要在合适时间上床睡觉这样的观点。我们已经习惯相信“早睡”是最理想的，还相信“早起的鸟儿有虫吃”。不，不是这样的。

树懒哲学的要义在于，不管何时何地，都要保证充足的睡眠。事实上，和树懒一样，我们中一些人也会习惯于熬夜，然后睡懒觉。这是由于生物钟的个体差异——我们体内的自然生物时钟决定了我们何时睡觉、何时醒来。

如果你在午夜之后工作效率最高，或者喜欢社交到凌晨，你有非常棒的同好：温斯顿·丘吉尔和巴拉克·奥巴马都是世界知名的夜猫子。还想听听额外的好处吗？据统计，晚睡的人比早睡的人有更多的性生活。这或许是有原因的——晚上活动意味着你将有更多的机会进行社交和求偶，因为没有了孩子和工作的打扰。

我听见亚马孙在打呼

［改写自沃尔特·惠特曼[1]的《我听见美国在唱歌》（*I Hear America Singing*）］

我听见亚马孙在打呼，我听见千万首亚马逊之呼，

听两趾树懒之呼，他们都打着慵懒而放松的呼，

听妈妈树懒之呼，边测量小睡的长度边打着的呼，

听宝宝树懒之呼，他快要醒来，醒来后会闲逛，会漫步，或闲逛着漫步，

听奶奶树懒之呼，她歌唱着自己和这棵心爱之树的回忆，她的护工在森林的地面上与她应和着打呼，

听杂毛树懒之呼，他坐在自己的树枝上哼

唱，他那毛发更加杂乱的儿子也打着呼，

［1］美国著名诗人。——译者注

听跑路者之呼（他从上周起离家，此时已走了两英尺），这慢吞吞的家伙在早晨、中午、日落时打呼，

母亲的美妙呼声，年轻而无所事事的妻子的美妙呼声，游泳或沉思着的姑娘的美妙呼声，

每个人都唱着属于自己的歌，打着属于自己的呼，

这都是属于白昼的呼声啊——及至夜里，还有年轻的树懒们酣睡着，强健而友好地打着呼，

那如雷的呼噜声，正是他们最悠扬的歌曲。

Quiz / 小测试

你的树懒睡眠风格是——

1. 你的晚间活动包括：（　　）

A. 威士忌，和一本关于发生在卡普里岛上凶杀案的小说

B. 爽肤水、精华液、晚霜、睡眠面膜

C. 准备出门

2. 你喜欢什么样的睡衣？（　　）

A. 一件法兰绒睡袍

B. 一件来自某个女演员的可持续服装品牌的有机睡衣

C. 没有睡衣。当你凌晨四点回到家时，你要么脱光衣服睡觉，要么身上原本穿的什么就是什么。

3. **你会记住你做过的梦吗？（　　）**

A. 梦境日记不就是干这个的吗？

B. 你的安眠药通常会让你睡得死死的，根本不可能记得你做过的梦。

C. 它们真的是梦吗？还是预言呢？谁能说得清楚？世界很神奇，星星就是你的孩子。

Quiz / 小测试

4. 你理想的就寝时间是：（　　）

A. 无论何时，只要是你手捧着书睡着的时候

B. 吃下安眠药后的30分钟

C. 酒吧打烊后

Answers / 答案

选A多的： 你就是天生的树懒睡眠者。你从来就没有失眠的困扰。你喜欢睡前漫长的放松过程，这让你神游，让你的身体放松。你醒来时神清气爽，身心和谐。你就是树懒睡眠专家。

选B多的： 你是勤奋的树懒睡眠者。你非常认真地对待你的睡眠。对你来说，睡觉是需要提前计划和准备的。你可不会满足于穿着旧衣服、躺在旧床单上，像老年人一样就那么昏睡过去。你要的是高级的、精心安排的睡眠，只有最好的晚霜（以及处方药）才能带给你。你让树懒们骄傲。

Answers / 答案

选C多的： 你是夜猫子。和树懒一样，你也是夜行性动物。对你来说，睡觉是白天干的事情，晚上才是用来干活儿和享乐的。不要因为这个社会使你对自己的睡眠习惯感到罪恶——你的方式和其他人的一样合理。

树懒明星

航空树懒“毛毛”（Buttercup）

毛毛悠闲地躺在她哥斯达黎加树懒救护中心的吊床上，沉浸在自己的世界里，一群网友却认为她的照片是绝佳的星际时间胶囊素材。树懒毛毛的照片最终将被商业飞船送往月球。Reddit网站用户票选出的这只幸运树懒的形象，由摄影师佩德罗·狄奥尼西奥拍摄，它将会被埋在月球南极的地下，因为这世界有时就是会犯犯傻。

我可不要工作。我敲这面鼓敲一整天就好啦。

休闲与娱乐

电影、书籍、电视和其他艺术，是这些东西让这个世界转动。

更美好的是，你并不需要费太大力气就能享受它们。

腾出时间来愉悦自己，是树懒哲学的重要组成部分。

你能做到坐着不动、盯着一样东西看吗？

很好，这样你就做好了欣赏艺术作品、听轻松的音乐、

读慢节奏的文学作品的准备。

有时候，不去做就是最伟大的成就。

拥抱慢读的艺术

我当过语言学家也不是没有缘故的，也许我现在还是个语言学家，也就是说，是一个教“慢读”的老师。

——尼采

树懒冷知识： 你知道树懒的阅读速度不能太快吗？如果它们能阅读的话。[1]

[1] 树懒或许不能阅读，但是，发挥一下你的想象力吧。

然而，如果树懒能阅读的话，它们可不会一边在手机上读着为梅根·马克尔和哈里王子大婚制作蛋糕的伦敦蛋糕师的采访，一边看着电视，一边心不在焉地听着伴侣抱怨他们在利德超市和粗鲁的收银员发生的争执。树懒会排除一切干扰，仔仔细细、全神贯注地阅读。它们可能还会在自己喜欢的段落下面画线标记，因为它们是有思想和智慧的动物。

但这世界却不鼓励我们慢慢阅读。我们被逼着每隔一分钟就看一次微新闻，好保持消息灵通。我们学会浏览标题，而不是阅读整篇文章。有种挑战叫一年读一百本书，还要在网上记录成功完成这个目标的整个过程。我们过于强调高效阅读，却要以牺牲阅读的乐趣为代价。一些科学家开始忧心忡忡，他们认为不管在网上还是线下，大家粗心大意的阅读习惯已经成为一种流行病。但我们有解药：慢读。

“慢读运动”提倡以一种放松的节奏来阅读——它认为，慢读能增加你的愉悦感、洞察力和理解力。慢读就是要吸收书里所有的知识，大声朗读，去查我们不认识的单词，和朋友讨论读后感。事实上，英国的一项研究发现，仅仅六分钟“真正的”阅读，减压效果就好过喝茶或者听音乐。所以，远离清单体，远离朋友圈和幻灯片，放下你的手机，去读一本纸质书吧。慢读对你的健康有好处。

我把我的笔记本电脑弄丢了，不过没关系，读书就很好。

推荐书单

树懒的阅读哲学课不仅仅是慢读或是读一些短短的东西，尽管这两者都很好。它还建议你阅读一些能让你享受的东西，并适当地沉醉其中，好忘掉周围的世界；又或许是阅读一些能缓解你的焦虑的东西，或者能以合理的方式向你解释这个世界的东西。希望以下这些书能做到吧：

《夏日书》（*The Summer Book*）

朵贝·杨笙[1]

《夏日书》描写的是夏日里一个女孩和她奶奶（偶尔还有一只猫）在芬兰大陆之外的一个小岛上的故事。整本书的内容都是关于享受大自然，学习爱的意义，以及活在当下。朵贝·杨笙最出名的作品是她的河马姆明系列童书，但每个人都应该去读一读她的其他作品，细细品味。对“慢读运动”的拥护者来说，杨笙是个完美的作者。

《到灯塔去》（*To The Lighthouse*）

弗吉尼亚·伍尔芙

这是一本很有挑战性的书，因为你的大脑需要一段时间来适应它的节奏。从手机上的标题党文章（《难以置信！七个允许养猪当宠物的城市》之类）切换到伍尔芙的慵懒散文，可能会给你非常大的冲击。但这本讲述一个家庭在苏格兰的斯凯岛避暑的故事的小说，非常适合慢慢阅读。

[1] 朵贝·杨笙（Tove Jansson），芬兰著名女作家，也译作托芙·扬松。——译者注

《高脚屋》（*The Long-Legged House*）

温德尔·贝瑞

这是一本经典的自然写作集，作者温德尔·贝瑞被视为现代梭罗。贝瑞生活在肯塔基州，他全心关注自己在这个世界上所处的位置——真正的字面意义上的“位置”，也就是他成长的家园。书中的散文有关于哲学的、环保主义的，也有怀旧的，但其核心都是对一片土地的爱意味着什么。这些文章写的都是对一个地方产生扎根的感觉，这意味着一次一次地回到这里，以及想要保护它免受现代生活的威胁，不管是发展、污染还是土地易主。整本书都是在讲述慢而简单的生活——这非常适合“慢读”。

《小王子》（*The Little Prince*）

安东尼·德·圣-埃克苏佩里

这是一个优美的童话故事，讲的是如何寻找到一个人在这个世界上的位置。当你感到不堪重负，生活中急切需要那么一点乐观主义的时候，就很适合把这本书重新读一读。书中的小王子遨游整个宇宙，不断学习关于爱与失去的人生课程，最后来到沙漠里，与一个飞行员成了好朋友。几个数字让你感受一下《小王子》一书的巨大吸引力：此书从1943年开始不断再版，至今已被翻译成300种不同语言。或许这就是因为，它是慢读的终极读物吧。

《猫客》（*The Guest Cat*）

平出隆

以猫为题材的书通常都很适合慢读。《猫客》讲述的是一只流浪猫与一对居住在东京的夫妇的故事，这只猫的出现让他们的生活好了起来。猫咪就是个充满爱的毛球，它们是很棒的主角。除了树懒，它们也是在如何过好生活这件事上能给予我们启迪的好榜样。

《那不勒斯四部曲》（*The Neapolitan Novels*）

埃莱娜·费兰特

在读过这四本书的人中，大概有20%都没能真正读懂，并且觉得它们读起来很费时间，令人困惑（这里我要警告一句：书里可是有一百万个角色需要你搞明白）。而对于剩下的80%让自己的脑子适应了这部小说的人，这四部曲将带给你有史以来最迷人、最有价值的阅读体验。小说讲述了两个女孩在意大利那不勒斯长大的故事，探讨了爱、友情、男女之爱、作为女性的生活，以及如何在这个世界上找到自己的路。这部系列小说让人上瘾——你倒是试试读完一本就停下来呀。

《牧羊少年奇幻之旅》（*The Alchemist*）[1]

保罗·柯艾略

这是那种你在14岁的时候读到，会让你无比震撼，一度成为你最爱的书（直到后来你读到了《麦田里的守望者》）。它也并不长。此书最初以葡萄牙语出版，后来成为国际畅销书。书里讲述的是一个牧羊少年做了一个预言性的梦，之后便追寻着这个梦来到埃及寻找宝藏的故事，它的主题是接受你的命运。这种类型的书通常都是很好的。

任何一本儿童填色书

谁说“慢读”就一定要“读”了？填色书实际上也还是书嘛，它们是让你慢慢“阅读”的好工具——只要你选对了书。成人填色书产业已经发展到了十亿美元的规模，

[1] 又译作《炼金术士》。——译者注

因为成年人需要一种快速、轻松的方式来平息自己的焦虑。可真正上手的时候，这些书其实十分复杂，让人毫不轻松——没错，我们成年了，可这也不意味着我们就有能力给蝴蝶翅膀上填上300个小色块呀。放下它们，你可以买一本儿童填色书来消遣，那里面有大块大块的填色空间任你发挥。这样你就再也不用担心无法完成给放大的人体细胞线粒体涂色这一浩大工程，也不用再纠结那由一百万株植物组成的美人鱼花园了。

是去图卢姆还是棕榈泉？

去奥斯陆还是柏林？

让我抱着这个地球仪慢慢决定吧。

享受旅程本身

善行无辙迹，善言无瑕谪。

——老子

树懒冷知识： 树懒在网络上的出镜率可是很高的，它们是搞笑视频、病毒视频里的明星，有博客专门记录它们的生活，（在我写到这里的时候）Instagram上还有超过十万个与它们有关的标签。然而，尽管在风景宜人的哥斯达黎加、巴拿马等地过着美好生活，树懒们可对在网上记录这一切没什么兴趣。你找不到任何来自这些家伙的自拍或者度假美照，它们一生都远离电子产品。它们无论做什么、去哪里旅行，都是为了自己的享受，而不是为了给别人看。它们的想法是不是很正确？

你或许已经听说过社交媒体对旅游的负面影响。美国国家公共广播电台说：“在Instagram上打卡的游客或许正在毁掉大自然。”英国《独立报》还有过这么一篇绝望的头版文章：《社交媒体是如何毁掉我的暑假的》。问题在于，成群结队的游客涌向同一个目的地，就为了在网上向人证明他们去了那里——这样的行为激怒了当地人，也浪费了大把的假日时光。根据旅游网站Expedia的一项调查，度假者平均每周花在社交媒体上的时间为九个小时。10%的受访者承认，他们会一次自拍多达15张照片，以确保拍出最好的度假美照。人们在网上发布的还不仅仅是自己的脸——我们走到哪里拍到哪里，什么都拍。圣托里尼岛上有一所学校就被迫贴出了告示，要求爱拍照的游客不要给在校外玩耍的小学生们拍照。我们沉迷于自己在网上的人设，却以牺牲生活在当下的时间作为代价——尤其是现在，大多数英国手机套餐都提供全欧洲的免费数据漫游。在这种情况下，要远离电子设备还真是很难。但我们还是得要尽自己最大的努力去尝试。

树懒哲学可不赞同你寻找一条完美上镜的小巷、一堆漂亮的石头、一扇好看的蓝色大门，就为了透过相机镜头看看它们，然后马上前往下一个拍照点。这种旅行方式很奇怪，也有点不诚实。为什么要假装你是俯瞰马丘比丘的那座小山丘上唯一的一个人呢？那地方明明就挤满了在和你拍同样照片的游客呀。旅行是忙碌而混乱的，并不总是按计划进行——这正是它的美妙之处。我们旅行的目的是为了暂时脱离我们自己，逃离原本的生活。所以，享受在德国点一杯馥芮白，或是在葡萄牙点一杯啤酒吧，不要急着向所有人宣告；好好欣赏羚羊谷或是维多利亚瀑布的美景，不用非得拍张照；用心聆听安卡拉的街头艺人表演手风琴，而他的猫则在旁边哼唱应和，无须全程录像。[1]树懒哲学的精髓在于，拥抱旅程本身，而不用非得拍张照片作为奖赏。

[1] 这事儿你还是应该录下来的——有点常识吧。

全世界是一棵树

（改写自莎士比亚戏剧《皆大欢喜》中“全世界是个舞台”独白）

全世界是一棵树，
所有树懒们只是在睡觉而已；
他们都有其（格外慢的）退场和登场，
树懒在世扮演的角色非常非常少，因为他们懒，
他的表演保持在最精简的水平，除了吃和拉。
起初是婴儿，行动缓慢，在妈妈的怀里感到满足，
然后是懒洋洋的幼儿，长着三趾的爪子和好奇的面庞，
像蜗牛一样爬行，
心甘情愿地爬向他打盹的枝条。
然后是爱人（开玩笑的，树懒这么可爱，怎么能做爱呢）。

然后，当了士兵，开小差的借口不绝于口（行军太多，打盹太少），

珍惜荣誉，吵架慢吞吞，

不求荣誉，但求阳光，即使紫外线指数很高。

然后，做了法官，

大腹便便，里面塞满树叶，

闭着眼睛，皮毛修剪齐整，

满嘴妙语连珠，说着现代睡眠实践；

他就是如此扮演自己的角色。

下一个时期到来了，却和前一个时期没什么分别，真的，

他进入了老年树懒的昏睡，

鼻子上架着树懒眼镜，身边是树懒老奶奶；

他年轻时的丰功伟绩（一个也没有），他的世界只有一棵树那么大。

他的迟缓已经达到至高水平，他于是教他们：

“我年轻的时候，我们可是知道要怎样保持懒惰。”

说到一半他就睡着了。

最后一场，结束了这出奇怪而毫无波澜的史剧，

是永恒的童年，和树懒无忧无虑的茫然，

没有担心，没有忧虑，没有激烈的竞争，没有一切。

走进放松音乐的科学

树懒冷知识：树懒的听觉不是很好，它们依靠触觉办事儿。要是听力更发达，它们可能会喜欢20世纪90年代的节奏布鲁斯，还喜欢偶尔来点古典钢琴。

音乐是帮助我们放松的好工具。合适的音调可以帮助降低血压，增加幸福感，减少压力。要达到这个效果，你应该选择慢节奏的歌曲——可不是那种让你想要跳舞到凌晨五点的trap和grime[1]音乐。英国有一项研究发现，世界

[1] trap 和 grime 均为嘻哈音乐的种类。trap 起源于美国南部，grime 则起源于英国。——译者注

上最让人放松的音乐是来自曼彻斯特的马可尼联盟乐队的《失重》（*Weightless*）。这首八分钟的曲子打败了包括恩雅和莫扎特在内的竞争者，成为临床试验中最让人放松的乐曲。这首《失重》中包含舒缓的钟琴、钢琴、吉他和一些佛经唱诵，科学证实，它的放松效果比一杯茶或是按摩还要好。这到底是怎么回事呢？马来西亚的一组研究人员发现，我们的心跳会随着音乐的节奏而放慢，而最令人放松的（能让受试者提升放松感、减轻压力的）音乐，恰好是每分钟60个节拍。所以，下一次当你感觉到压力山大的时候，当你的心脏狂跳、思绪狂奔的时候，拿起耳机，找一些慢节奏的音乐吧。感受你的心跳随着音乐的节拍慢下来，跟随树懒的节奏，享受那种放松心情、放缓心跳带来的平静感。

如果你正在找能够体现树懒哲学的现场音乐，去看看《越慢越好》（*As Slow as Possible*）吧，那是人类历史上最长最慢的一首乐曲，现在正在德国的一架风琴上演奏，从2001年就开始了。

耳机完美屏蔽了那些该死的金刚鹦鹉的叫声。

推荐歌单

音乐家莱昂纳德·科恩在修道院住了大约十年。在那里，他静坐，冥想，写诗。这之后，他回到洛杉矶，在74岁高龄计划了一次全球巡演。这次巡演中他一共演出了247场。这是一个经典的树懒策略：花上很长的时间来节省你的能量，然后在你想的时候，去做一些有趣的事情。

《关门时间》（*Closing Time*）

莱昂纳德·科恩

尽管科恩有许多歌曲都很符合树懒哲学，但这一首对树懒哲学爱好者来说，是一个尤其不错的开始。听《关门时间》这首歌会带给你一段美妙的奇幻旅程，它说的是熬夜到很晚，享受生活的起起落落。（也许还有更深层次的含义等待你去发现，但你明白我的意思。）

《奏鸣曲K448》（*Sonata K.448*）

莫扎特

尽管科学家们并未百分之百地证实“莫扎特效应”（听莫扎特的音乐能让你更聪明、学习更好之类的说法），但有权威的研究证明，听他的《奏鸣曲K448》，能减轻癫痫患者脑电图的癫痫波。音乐很神奇，是不是？这段音乐可以让你的大脑平静，帮助你进入树懒式的生活。

《天堂芝士汉堡》（*Cheeseburger in Paradise*）

吉米·巴菲特[1]

这是一首爽心美食和海滩生活的赞歌，还有什么比这

[1] 美国老牌乡村摇滚巨星。——译者注

更能浓缩体现树懒哲学的呢？

《我们为何不喝醉》（*Why Don't We Get Drunk*）[1]

吉米·巴菲特

这首歌唱的是喝醉和做爱。树懒不喝酒，但如果它们喝了，就会醉醺醺地享受缓慢的、感官愉悦的性爱了。

《玛格丽特之城》（*Margaritaville*）

吉米·巴菲特

这首歌的主题是通过弹吉他、吃海绵蛋糕，当然还有喝玛格丽特酒来尽情享受生活。

《启航远行》（*Sail Away*）

恩雅

格莱美获奖歌手恩雅和她的猫一起住在爱尔兰一个偏远的城堡里——她最多有过十二只猫。这种有猫有城堡的生活显然很放松，让这位世界著名歌手创作出了一些世界上最令人放松的音乐。

[1] 我跟你说，吉米·巴菲特的歌你就随便听吧。除非一听到玛格丽特酒、海滩和船，你就会因为某种原因感到紧张。

《梦》（*Dreams*）

加布里埃尔

这首在英国流行音乐榜单上排到首位的金曲，唱的是终于找到真爱的感觉。歌里还有一句词是关于不为明天做任何计划，只为今晚而活——典型的树懒哲学。享受当下就好。

《像你一样的人》（*Someone Like You*）

阿黛尔

从题材的角度来讲，这首歌有点让人沮丧——歌曲讲述的是一个女人哀叹她过去的爱人找到了新欢，但阿黛尔的声音可以让人放松下来，就着一杯茶或者一瓶红酒，思考爱情和人生。而这就是树懒哲学的真谛：放松和思考。

《黄色》（*Yellow*）

酷玩乐队

这首歌的灵感来源于威尔士的夜空。你很难找到比这首歌更能让你放松入睡的歌了。乐队也承认“黄色”这个词并没有任何意义，只是放在歌里听起来还挺对劲的而已——树懒哲学的重点不就是一些恰到好处的废话嘛。这是一首很棒的小睡音乐。

让你过上更像树懒的生活
随意但实用的小贴士

1. 把车速控制在最低限速以下。就坚持个几分钟，看看感觉如何。如果你的脸蛋已经开始发烧，还被人摁了几次喇叭，那就再好不过了。坚持下去。你要去哪里、什么时候能到，或许都不怎么重要。嗯，我是说，在整个人生的宏伟蓝图中。（注意：如果你去看医生要迟到了，那可不是尝试这条建议的时候。）

2. 买一双毛茸茸的、羊毛衬里、能当拖鞋穿的鞋，或者它们原本就是拖鞋，只是还能穿出去。当你从家里去一趟邮局，而不用系鞋带或是鞋扣，那感觉真是再好不过了。你慵懒的小脚待在羊皮烤炉里会很温暖，你就再也不想穿正式的鞋子了。

3. 拿掉家里的一面钟。时间是个专制的东西——现代时间是资本家发明的，目的是规范工作日，而我们都接受了。这是一种耻辱。我们的生活里到处是数字时钟和模拟时钟，每嘀嗒一声，便提醒我们离死亡又近了一秒。切换到树懒时间模式吧：感觉睡觉时间到了就睡觉，觉得饿了就吃点东西。

4. 每天喝上一点小酒。没有什么比在下午两点喝上一杯不错的葡萄酒更能让人清醒的了。重新设置你所有的密码，因为俄国人刚刚入侵了整个互联网，而买沙拉酱似乎不那么重要了，对吧？只要轻松地喝上第二杯红酒，细细品味慢下来享受生活的快乐就好了。

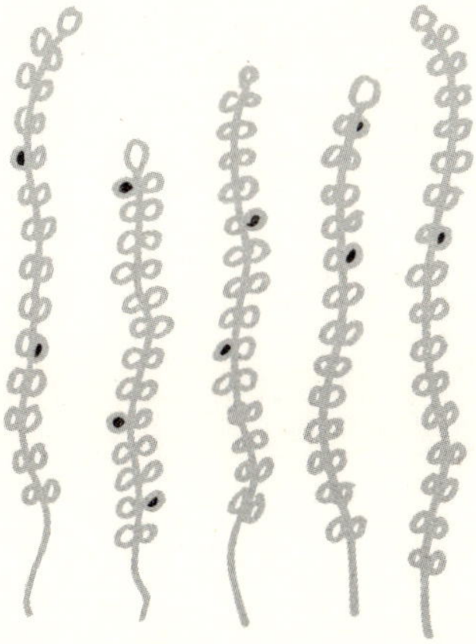

什么东西那么好闻？是你皮毛上的藻类吗？

爱与两性关系

不论是在一段友情中还是一段恋情中，
我们以健康的方式给予和接受爱的能力都会对幸福度
产生很大的影响。
学会以树懒哲学的方式去活，去爱，
这将改变你的人生。

没有热情可不行

树懒冷知识：雌性树懒准备交配的时候会尖叫。

你不清楚树懒的声音什么样，这是有原因的，原因就是树懒大多数时候都很安静——除非它们想要交配了。当雌性把她的求偶意愿公告整个森林宇宙，雄性就会（慢慢地）溜达过来，和她交配。双方都得到了它们想要的，都很满意（希望如此）。划重点：雄性树懒不会去打扰一个没有准备好，或是没有这个意愿的雌性。

那些多情的潜在的人类情人哪，让树懒为你们上一课吧，这是关于准许和同意的一课。树懒哲学的关键在于等待一个合适的时机，等到双方都准备好了，都有这个意愿。说真的，有什么好急的呢？除非那个人以一种非常戏剧化的方式万分肯定地表示想要和你亲近，否则就向前看吧。如果对方对你有兴趣，他们会以响亮而明确的方式告诉你他们准备好了——有可能不是尖叫，而是不断的微笑、点头和积极的话语。

所以，下次你想要找点乐子的时候，向全宇宙发出尖叫，等待你的祈祷得到回应吧。或者你也别叫了，还是去网上约会吧，这可能更实际一点。

要慢，要感性

性是一种动态的情感。

——梅·韦斯特[1]

树懒冷知识：树懒的交配大概五秒钟就结束了。

在性这件事情上，我们可以从树懒身上学到很多。我知道你在想什么：五秒就结束的性爱似乎有点浪费。就这么点时间，都不值得你为此脱个衣服。你是对的。但这里

[1] 美国著名演员、编剧、歌手。——译者注

的关键是：虽然雄性树懒五秒就射精，但要到达这一步要付出相当大的努力。树懒哲学的关键是要发展亲密关系，制造浪漫，和与你互相喜欢的人建立心电感应。真正的性爱（虽然很棒）倒不是整件事情的重点。所以，向树懒学习吧——慢慢来，聊聊天，慢慢了解一下对方。

Quiz / 小测试

你是什么样的树懒情人?

1. 你与真命天子（女）相遇的方法是：（ ）

A. 算了吧——要是注定遇上某人的话，我总会遇上他/她的，也许是在二手黑胶唱片店……也许是在书店。

B. 这个世界会让我们走到一起的——我只需要敞开心扉，每天都戴上我的爱情水晶，清除掉我的负能量（我的约会资料还有一张瑜伽体式的照片呢）。

C. 在一个晚上约尽可能多的会。这纯粹要靠数字往上堆。

2. 你最喜欢的“性感食品”是什么？（　　）

A. 牡蛎

B. 一罐饼干，一包纤丝奶酪

C. 木瓜

3. 你理想的约会是什么样的？（　　）

A. 在市中心看场表演，去附近的酒吧喝杯酒，接着是有品位的裸体摄影。

B. 折纸课，然后互相用手爱抚。

C. 在安第斯山脉徒步旅行，然后在帐篷里做爱。

Answers / 答案

选A多的： 你是二趾树懒。你是个传统的人，爱情发生在你最意想不到的时候，而当它发生的时候，你想要小说、电视剧里关于它的一切——玫瑰、骑士精神、温柔的爱抚，还有第二天早晨一起睡懒觉。被人照顾总是很美好的。然而，这些浪漫的期待可能会让你在卧室里盲目乐观。记住，给予总是比接受要好（至少在50%的情况下）。

选B多的： 你是三趾树懒。脚趾越多越好。你喜欢以崇敬、想象和感激的态度对待每一次性接触。探索和享受你伴侣的身体对你来说最性感了。无论什么时候，你都会对对方回应以创造力与激情。

选C多的：你是一条蛇。你有点不寻常，很变态。你喜欢性爱，以及一切身体接触——你的伴侣也和你一样。但过分强调身体的部分也可能意味着，你忽略了理智层面的交流。试着换种方式来提升你和伴侣的亲密程度吧，比如在你们俩都清醒的时候做爱，或是在卧室以外也要花更多的时间在一起。

我很在意你好不好，小植物。

我们都依赖彼此

树懒冷知识： 树懒和森林里的小动物相互依存。例如，树懒蛾就生活在树懒的皮毛里。它们将卵产在森林地面上的树懒粪便中，幼虫孵化时就搭树懒的便车回来，如此循环往复。此外，在飞蛾死后，它们留下的营养物质会喂养某种藻类，这种藻类在树懒的皮毛上大量繁殖，成为树懒的营养点心。这是一个美丽的、毛茸茸的生态系统，不是吗？

明白我的意思了吗？拥抱共生关系。我们都有自己的目标，我们都互相依存。藻类需要树懒，反之亦然。

有人很可能也依赖于你，哪怕只是你养的法国斗牛犬，或是你的老板，或是一棵植物。

树懒哲学承认我们并非生活在真空中，我们都是一个宏大生态系统的一部分——朋友，家人，邻居，我们爱的人，甚至是陌生人。我们都是社会的一员，都要依靠社区内的其他人，履行我们共同的社会契约，好使其正常运转。我们纳税，政府则为我们提供学校、警察、消防员和医生。我们会为身后的人开门，不会在公共交通工具上随便摸别人，不互相残杀，出门的时候表现出对别人的尊重——而其他人也为我们做同样的事。我们每天都这样做，这样社会才能正常运转。接受我们每个人都有自己的角色。感谢你的咖啡师，为身后的人开门吧——树懒（还有树懒蛾）会感谢你的。

但有些依赖却不是好事

树懒冷知识：树懒是野生动物，要作为家庭宠物的话可是很糟糕的。事实上，在许多国家，私人拥有它们是违法的。树懒不喜欢人们抚摸它们，给它们梳毛。它们对饮食也有特殊要求，还需要广阔的户外空间供它们漫步其中，以及炎热潮湿的环境好使其茁壮成长。对有些动物，还是让它们自己过自己的比较好。

当你深深地爱着某样东西，觉得它十分可爱时，你会本能地想去拥有它，占有它，豢养它，等等。你甚至会为它痴迷，想要掌握它的一切行踪，随时和它在一起。然而，这样的行为可不见得是自然的，不见得对双方都是最好的选择。

这种爱有可能是毁灭性的，会带来心痛。如果有人不想在一段恋爱关系中被驯服，或者，如果他或她摆出了非常充分的理由来说明为什么这样下去不合适，请你相信他们。很多人都是经历过惨痛的教训才明白这一点。树懒哲学告诉我们要给狂野的人自由——即使你真的喜欢他们、爱他们，想要驯服他们。你可能会遇到很多这样狂野而自由的人，他们忙着追求自己的梦想（比如跑去环游世界），做自己的事情，你要学会了解，这些人不适合出现在你对未来的规划里，这就是生活。你并没有做错什么，只是他们不能给你你想要的罢了。

让你对一个你在意的狂野的人放手，理由可能有很多种。事实上，有那么一些人，在他们生命中的某些时刻，最好让他们独处。这时的你最好向前看，继续努力，找到下一个真命天子（女），他（她）也许更愿意在一段关系里被驯服。比如一只猫，或者你在哲学课上认识的一个不错的人。

动物园里发生了一起事故

树上有一只树懒，
树上有一只树懒。

嘿，妈妈，树上有一只树懒。
它还在那里，
你能看到吗？

它可没做什么事，
它就是在睡觉。

我更期待的是一场表演呢！
妈妈？
让它看到我。
我想让它做更多事情，
而不仅仅是在树上睡觉。

用这根树枝吧，
可能，
这会弄醒它，让它看到我……
这只树上的树懒。

噢，看哪！
它看起来很生气，
这让我很高兴。

那是什么，妈妈？
接下来去看熊？
你真是个好妈妈，
对我来说。

试试刻意独处

“最困难的是什么？是认识自己。”

——米利都的泰勒斯[1]

树懒冷知识：树懒天生就不爱社交，大部分时间都在独处中度过。你永远不会被邀请参加树懒晚宴，也不会被二趾苏西和她的朋友们叫去酒吧。树懒就是喜欢独处，我们都可以从中学到些什么。

[1] 泰勒斯是古希腊时期的思想家、科学家、哲学家。他是西方首位哲学家，创立了古希腊最早的哲学学派——米利都学派。——译者注

现如今，孤独已经成为一种耻辱。改变原本待在家里的计划，一个人去看场电影，或者逃到森林小木屋里待上几个月，这意味着你正精神崩溃中（要不就是躲起来组装信件炸弹，胡子都顾不上刮）。我们接受的观念，是独处会让你孤独，被人群孤立，还可能会让你变得很古怪。要是我们一个人待着，别人看了会想，我们一定缺乏爱、不幸福。

可实际上呢，选择独处会给你带来很多心理上的好处。刻意独处是一种选择，让我们远离那让人恼火的人群，得到点不一样的视角。独处能帮助我们进行更深层次的思考，提升创造力，也让我们更专注。

然而，这做起来却很难。我们已经适应了持续从朋友、家人和手机那儿获得刺激……我们还真不知道该如何独处。我们都想要一个伴侣，一段恋爱关系，一个可以说话的人。弗吉尼亚大学的一项研究发现，如果你让受试者选择是独自一人坐在桌边不被打扰还是被电击，选择被电击的人数多得惊人。研究人员认为这种自残的本能是由于实在无聊。但我们自己的思想真的有那么无聊吗？我们都已经失去自己陪伴自己的能力了吗？只要稍加练习，我们都可以学会享受独处带来的恢复、丰富和启发自我的效果，而不必为了打发时间去电击自己。

所以，试着给自己安排一些独处的时间吧。试着每天抽出几分钟——不带手机去浴室几分钟，或是午休时独自去散个步（甚至是去海边躺在床上发一个月呆，如果你想比日常独处走得更远一点的话）。记住，寻求独处是一件健康的事。树懒哲学就是要让你拥抱独处带来的精神上的益处（也不要用电话）。

与我的光辉思想独自相处。

快闪活动取消啦

从前有个树懒叫鲍勃，

他上班迟到了整两天。

他的舞伴们毫不在意。

（它们都是树懒，它们都还没到呢。）

鲍勃穿着紧身衣，觉得自己像球一样圆。

以树懒的风格搞定一场重要演讲。或许我只是打了几个哈欠而已吧。

工作与学习

作为一名高产的社会成员，靠工作讨生活，
取得好成绩——要做到所有这一切，
这压力会让我们感到有些过于重大。
关于工作和学习，我们能从树懒身上学到的东西是：
它们根本不会去做这两件事，却也已经生存了数百万年。

我很懒。但发明轮子和自行车的都是懒人，
因为他们不喜欢走路或搬运东西。

——莱赫·瓦文萨[1]

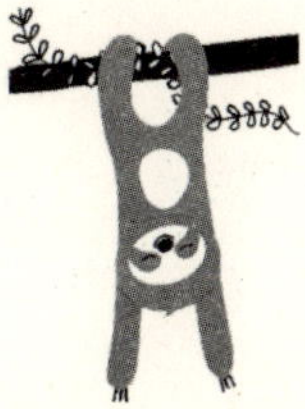

[1] 波兰政治家，曾于1990—1995年任波兰总统。——译者注

重新认识“懒惰”这个词

什么也不做是世上最难的事情，最困难并且最智慧。

——奥斯卡·王尔德

树懒冷知识：树懒们可不懒，它们很高效。树懒通常在一个悠闲的地方活动，慢慢消化食物，大部分时间都在睡觉，它们用这种方式来节省能量。它们是非常聪明的动物，却在动物王国里有着“最懒物种”的名声。事实上，它们只是糟糕营销的受害者罢了。你想想，从来没有人会说蛤蜊懒，你也没见它们每天出去跑马拉松呀。

让我们重新认识一下“懒惰”这个词怎么样？我不是要去赞扬那些没有能力就业、保住饭碗或是完成学业的人。我要说的是我们该高歌那种躺在沙发上，手里捧着外卖，手机调成静音的慵懒乐趣。这种“懒惰”会让你的思绪肆意飘荡，让你的潜意识得到释放，让你思考生活，帮助你以冷静和慎重的方式解决问题。它看起来是“懒惰”，实则是真正的高效。不管这个社会希望我们怎么想，那些每时每刻像只陀螺转不停的人不见得比你厉害。我们误以为繁忙的日程意味着你很重要、很聪明、很有价值，但科学告诉我们并非如此。

你知道思想者们都比普通人要懒吗？换句话说，脑子越好，你就越懒。这是怎么回事呢？高智商的人不需要很多的外界刺激来娱乐自己。这也就是说，他们可以安静坐着，深入思考，就感到非常满足。比如，坐在那里喝着咖啡吃着饼干，穿着双袜子，读一本关于“舒适惬意”的书，而不是匆匆忙忙到处跑来跑去，为了做事而做事。有些人需要不断得到外界的刺激，但这样的人可和树懒的生活方式扯不上什么关系。去学校接孩子？不可能的。我忙着幻想我的猫穿上燕尾服会是什么样子呢。像特斯拉或是苹果这样的公司，大概都是这样起家的。

所以，下一次当你在凌晨五点从夜店回到家，看见有人在街上慢跑，你只要知道自己可能比他们聪明一点点就可以了。然后，回家睡上一会儿吧——你需要为了下一个改变世界的大项目保存能量。

擅长某件事，忘掉其他事

树懒冷知识： 树懒可是顶尖的游泳高手。当然，它们不会去赢得什么比赛。不过树懒可不在乎那些。

我们都听说过那个在体育课上跑不来100米短跑的小鸭子的寓言故事。扔铅球她也不行。她的老师们都想，这只小鸭子多没用啊，她还来学校干什么？而直到上了游泳课，小鸭子才找回她自己。鸭子游起泳来是多么有天赋啊！她其他方面都那么糟，谁又曾想到她有这么个隐藏技能呢？

这个寓言要告诉我们的是，没有人能精通一切，但我们都有自己的闪光点。我们要做的是明确自己擅长什么，然后一心做好它。在我们这个社会里，关于技能的鄙视链是存在的，所以做到这一点并不容易。我们看重速度，看重无情，看重财富，看重编程能力。可如果你擅长的是与人促膝长谈、用慢炖锅做菜和写信呢？如果你是个很棒的女朋友，马拉松却跑得很糟糕呢？如果你烤得一手好面包，却不怎么会打钻石结（旧式西方打法）呢？如果你很擅长边喝咖啡边和人聊天，却实在不知道该怎么发邮件呢？

我们很容易被自己不擅长的事情打败。我们必须不惜一切代价在这些事情上提高自己的压力和负罪感。你不需要帮助自己提高。你可能对某事极为擅长，其他方面却没这么厉害，这个样子也许就很好呀。太多人都是这样。事实上，忘记你不懂加密货币是什么吧，列出你擅长的事情，我敢打赌这清单一定很长。树懒哲学强调的，就是做好某件事——不管这件事是什么。

我可擅长做这个了！

树懒明星

小树懒奥索（“Oso Perezoso”，西班牙语，意为“懒惰的熊”）

当这个树懒决定穿过厄瓜多尔一条繁忙的高速公路时，他错误地估计了路的宽度。过到一半的时候，他放弃了，被人们发现紧紧抓住路中间的交通路障不肯放手。警方解救他的照片在网上被人们疯狂转发，他一举成名。粉丝们太理解这小家伙的困境了。有时候，我们都会承担一些超出自己能力范围的事情——有人能帮帮我们当然是再好不过啦。

别冲动，放轻松

树懒冷知识：树懒最擅长待在一个地方不动了。它们通过完全静止不动来躲避捕食者。要想被老鹰吃掉，最快的方式就是制造噪声和四处乱动。

这年头，人们都在说要向前一步，大声表达，让你的声音被听到，让你的观点被看到。参与，参与，参与！这些都很好，不过，知道什么时候该闭嘴休息一下，听听别人怎么说，也是很有帮助的。默默存在于这个世界上，不去寻求关注也很好——你只要从旁看着，观察和学习。事实上，我要说，这对你的心理健康非常重要。

树懒哲学强调管好你自己的事，你得学会认清，你没有责任随时随地澄清自己的想法，去打每一场仗。你甚至不需要对每件事都拥有一个观点。（顺便说一句，这不适用于人们需要你的帮助或建议的情况。大部分情况下你还是得做一个好人的。）

试着平衡一下自己想要卷入每一个琐碎得不能再琐碎的网上或家庭小纠纷的念头吧，告诉自己，也许这件事你可以置身事外。没错，你妹妹带了一块和你带的差不多的馅饼（啤酒炖牛排馅饼——好吧，和你的一模一样）来参加你们妈妈的75岁生日派对，但也许她只是忘了她本该带一块果酱夹层蛋糕，而不是特意要来招惹你呢？别当回事。退一步，不要当回事，你就会找到平静。

从社交媒体的角度来思考这种哲学或许会更容易一点。下一次你想在网上机智地反驳一下前同事的观点时，退一步想想看：加入这场论战会改变任何人对英国脱欧的看法吗？还是仅仅会给你自己带来更多糟糕和不愉快的感受呢？你真的做好心理准备面对这一切了吗？还是这会让你难过不爽呢？如果你打算参与其中的时候发现自己心跳加快，大概就是时候让自己“别冲动，放轻松”了。知道有什么物种完全没有灭绝的危险吗？六种树懒中的四种。这是不是能给你上一课呢？

认清基本需要

道恒无为，而无不为。

——老子

树懒冷知识： 树懒的日程上不太会有紧急的事务，基本上就是睡觉和吃饭了。不过，有一项基本任务是它们每个月都要极不情愿地解决上一两次的：上厕所（当然，对它们来说，就是在森林地面上找个洞啦）。

这个世界上到处都是着急事儿——总有那么多我们

非得在中午前或在当天做完、在这周或这个月内要做完的事情，我们永远都承受着压力和最后期限的威胁。可实际上，我们真正必须要做的事情很少。想象一下向你的爷爷解释你为什么非得每天更新的社交媒体状态吧。他打过仗，曾经是个伞兵，他知道什么事情紧急，什么事情没那么急。抗击法西斯？嗯，很好，请继续做。在朋友圈里发一张你在波西塔诺戴着宽檐帽的背影照？并没什么必要。

如果你喜欢清单的话，就列一份待办事项清单吧，把这作为一天的开始。列上你为了让自己活下去必须做的事情，以及为了让你的孩子或宠物活下去必须做的事情。这份清单看起来可能会是这样：吃早餐、喂猫、穿衣服、吃午餐、去学校、喝水，等等。关注基础必需品，这是一个让你从全新角度看待事物的好方法。这样，其他一切琐事也就不重要了。你不需要买新短袜，不需要回复任何人的邮件，也不需要自己做婴儿食品——超市不是都在卖罐装的吗？树懒哲学的关键，就在于承认有些时候只关注最基本的东西就好。

然后发誓晚点再做

树懒冷知识：“能拖到明天的事为什么要今天做呢？”这是幽默作家马克·吐温的观点。树懒完美地体现了这一点，因为它们每三周左右才上一次厕所。内急算什么！

拖延和懒惰一样，常常被误解。“马上动手开始做吧，你会感觉好很多！”总有少数几个能准时完成工作（能提前就更好了）的气人的圣者会这样振臂高呼。对于那些天生就爱拖延和在最后期限逼近（或者最后期限早就过去了）的压力下能够把事情做得更好的人，我们却很少给予关注。艺术家通常属于这一类。18世纪的著名剧作家理查德·谢里丹就有这么一件知名事迹：直到他的戏剧的前两幕已经在舞台上进行首演了，他才交上最后一幕的剧本。观众根本就没发现这一切。

那些有冲动倾向的人通常也有拖延症，就是那种无时无刻不想约你出来的朋友。你总会想："她难道就没有工作要做吗？"她当然有，只是拖着没做而已，好抽出时间和你在一起。这是不是很棒？在一个阳光明媚的日子里在公园喝上一品脱啤酒，即将到来的最后期限或急需打扫的浴室可无法与之相比。所以请记住，这种疯狂的情况是有办法解决的，拖延者对时间有与众不同的安排，并不意味着他们的方法就错了。所以，如果你也很精通拖延时间的艺术，欢呼吧。而如果你常常为了在最后期限前完成所有的事情而倍感压力，那就试着退一步。还记得"慢"哲学的第四条原则吗——"急什么？"

曾经有只树懒从布里斯班来

他的名字他妈妈至今没起好。

（她还在慢慢地思考，

是叫杰瑞、贺拉斯、克莱德还是乔？）

现在他已是个少年郎，

这可让我们的“无名氏”羞耻得不得了。

从梯子上掉下来也没什么。

你最后还是会到的。

即使到不了也没关系，你还是最棒的！

花点时间想清楚

放慢脚步，享受生活吧。否则你错过的不仅仅是风景，你还将忘记你要去哪里以及为何要去。

——埃迪·坎特，美国演员

树懒冷知识：树懒每天移动大约36米，也就是每分钟约2.5厘米。它们不关心到达目的地需要多久，它们不在乎。所以请记住，想赢得赛跑就要稳住，慢慢来（前提是如果树懒们喜欢赛跑的话——当然它们并不喜欢）。

年轻人承受着很大的压力，要为自己的未来做出决定。你长大以后要做什么？你在大学要学什么？打算去哪里实习？要想得到梦想中的职位，你的职业生涯路径如何规划？你的创业点子是什么，投资要从哪里拿？你上了“三十岁以下的成功三十人”名单了吗？还没？你到底为什么花这么久还没成为成功人士？如果你总觉得欠别人一个对自己的生活和职业生涯的解释，那可真是让人倍感疲惫和压力。树懒哲学相信，你可以花些时间，按照自己的节奏去想清楚这些问题——不管这需要多久。

不论你今年14岁还是45岁，如果你还不知道自己到底想要怎样的人生，没有关系，还有很多人和你一样。玛莎·斯图尔特一直到41岁才出版了她第一本关于“娱乐”的书（在此之前她在华尔街工作过，还开过一家餐饮公司）；王薇薇41岁才开了她的第一家婚纱精品店；塞缪尔·杰克逊一直是一名舞台剧演员，直到45岁参演电影《低俗小说》才得以声名大噪；雷·克拉克加入麦当劳的时候已经50多岁了；罗拉·英格尔斯·怀德65岁才出版她的第一本小说《大森林里的小房子》；艺术家摩西奶奶70多岁才开始画画，92岁时写了自己的回忆录；《纽约时报》畅销书单上的作家平均年龄是54岁。重点是，你有的是时间。

所以，当你感到不知所措、没有方向时，想想“慢”方法（参见本书第6页），然后问问自己：“急什么？”很多成功人士从学校毕业后都不知道自己想要什么，凭什么你就得知道呢？生活的一部分意义，就在于你要边走边发现，这并没有什么不好意思的。谁说你的学业和职业生涯应该是沿一条直线走下去的？忘掉这个想法。随波逐流、走走弯路、改变方向都没问题，接受这一点。这些全都是你生命旅程中的一部分。

树懒明星

树懒萝拉

萝拉和女演员克里斯汀·贝尔一同作为嘉宾出现在电视节目《艾伦秀》上，并一举成名。克里斯汀·贝尔在节目上看见萝拉时，激动得流下了喜悦的眼泪，这一段视频片段被截取出来，在网上疯传。萝拉现在住在美国加利福尼亚州野生动物学习中心，在社交媒体上有超过16000名粉丝。如果你需要有人提醒你“坚持下去”[1]，你可以买一件印有她头像的T恤。她还会为了“教育”目的而露面。如果你的愿望清单上有一项是过一个以树懒为主题的生日，学习中心的工作人员可以帮你实现。

[1]“坚持下去”的英文“Hang in there”，字面上看也有“挂在那里”的意思。——译者注

让阳光照进来吧，维生素D可是对你的私密部位也有好处呢。

美容与个人护理

树懒们尽管看起来很奇怪，卫生状况也很差，

却依然可爱得不得了。

树懒教会我们的，是学会爱自己，

学会自我照顾——以一种适合自己的方式。

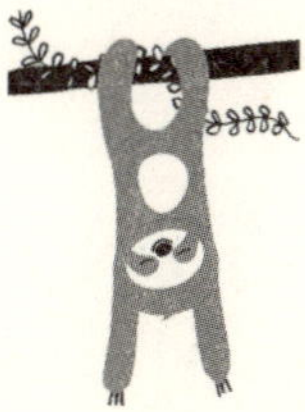

为自己跳支舞

树懒冷知识：树懒在拉屎之前，会跳一小段扭屁股的舞。我们能从中学到的是：仪式感很重要。虽然你不需要在小便前跳个踢踏舞，但树懒哲学教你拥抱自我照顾的仪式感，让你的生活值得过下去——不管这些仪式别人看起来有多奇怪。

我们会花很长时间去阅读该如何打扮和搭配服装的书，然而当我们终于搞明白自己喜欢什么并欣然接受的时候——不论是打造个人风格，还是发誓以后不涂睫毛膏就不出门，抑或是花上一小笔巨款买瓶香水、理个贵贵的发型，别人会觉得：“啊，多么奢侈！多么虚荣！真是浪费时间！”可当我们不拥抱最新的流行趋势，别人又会觉得我们落伍了，跟不上时代。“噢，甩屎舞？那都是2017年的事吧！现在流行的是牙线舞！”树懒哲学就是要你拥抱那些让你感到开心或是看起来美美的小玩意，才不用管别人怎么说。

发膜，胶原蛋白胶囊，乳酸菌精华液，美黑乳液，一罐饼干，毛绒拖鞋，黑色指甲油——你自己的仪式感可能有很多种形式。今天的护肤美容程序大概有27个步骤，要花上大约40分钟。（从我们这些成长于20世纪90年代的人的角度来看，这其中有大部分时间都花在给拔得太过了的眉毛涂颜色和啫喱膏上。现在又开始流行浓密野生眉了，但我们看起来永远是一副惊讶脸。）那又怎么样呢？去做你想做的事情，管他是什么事情，管他要花多长时间。你值得。你看起来棒极了。

不过放弃也没关系

树懒冷知识：树懒行动速度很慢，以至于身上都长出了藻类。这能帮助它们融入周围的环境。它们的皮毛上还布满了甲虫、细菌、蛾子和真菌。但你猜怎么着？不管它们如何“放纵自己”，根据这个社会任性的判断标准，它们依然还是很可爱的动物。你也一样。

有时候，自我照顾意味着暂别自拍界一阵子，不必向这世界展示最好的自己。（当然了，除非你就是想上传个“#素颜自拍”，这样的话请你自便。）树懒哲学就是要让你放慢日常惯例的节奏，退后一步，让自己有机会做自己想做的事情。

总有那么些日子，不管是因为你病了，郁闷，累得不行，还是只想偷个懒，甚至是宿醉，哪怕完成最低限度的生活需要都让你觉得好麻烦——你并不那么想洗澡，更不用说给你的角质层保湿或是吃顿健康早餐了。其实，点份炸鸡外卖在床上吃，好几天不剃腋毛，也是自我照顾的一种，如果这就是你想做的事情的话。有时我们的大脑和身体需要休息，有时我们需要吃药，有时需要治疗。这是你的生活——你知道什么对自己最好。所以，即使偶尔只做到满足基本生活需要的程度，不要害怕。懒洋洋地躺着，拥抱油乎乎的头发，就让藻类长出来吧！只是作为一个人而存在，无须保持高产，无须完成什么事情。树懒哲学就是要让你从这些期待中解脱出来。

树懒哲学衣橱改造计划

树懒哲学就是要让自己好看又舒服，还不用花太多精力。树懒长着毛皮，这当然是它们比我们有优势的地方：与我们拥有的干燥发痒的皮肤相比，毛皮可要舒服多了（也可爱多了）。不过，只需几个简单的步骤，我们也可以轻松地最大化自己衣橱的树懒潜力。

1. 拥抱那些不变形、不需熨烫的弹性面料。尽管熨衣服其实是一种很好的、缓慢的运动，能让我们集中精神，但它同时也是一种痛苦。买裤子最好还是选那种不至于穿过一次膝盖就变形的材质。

2. 拒绝过于紧身的衣服。别买那些收腹装或是高腰牛仔裤了。没错，它们能帮你收紧小肚子，可你一旦坐下，牛仔布就会把五脏六腑挤到不行，让你简直要马上吐出来。那些柔软有弹性的美好牛仔布的存在可是有道理的。

3. 洗衣机是你的朋友。只可干洗的衣服简直就是施虐狂般的存在。

4. 买一些高质量的休闲服。把你看上的那套丝绒运动套装买下来吧。买双蓬松舒适的毛线拖鞋。能够穿得放松又舒适（同时看起来还能美美的），会让你离树懒的幸福更近一步。

我的毛皮就是一套免穿脱的运动服，羡慕吗？

树懒的爱是爱自己

树懒冷知识： 树懒的手有两种。有些有两个趾头，有些有三个趾头。树懒还在胳肢窝里长乳头。

“每个人都是独一无二的。人类就是这样，这值得我们庆祝。”我们小时候就被这样教导，可等到长大了，我们却因为自己有点奇怪而在学校被欺负到不行——于是我们意识到，与众不同的人过得不容易，和别人不一样或许也不那么可取。即使作为成年人，顺从的压力也是真实存在的。一夕之间，小胸且不穿胸罩成了潮流，大胸女人看起来显得很不合时宜。高腰牛仔裤现在流行了，这对我们这些腰部有赘肉的人可不太友好。流行的染发颜色也总在变，要跟上这步伐可是花费不菲。树懒哲学要教你忘掉与学校里那几个卑鄙的小捣蛋相处的时光，消除对与众不同的恐惧。

所以，不管是你的大脑还是身体，即使和其他人有那么一点不一样，树懒之道要求你承认并接受自己的差异性。如果你的乳头长在胳肢窝里，或者左脚趾长得很奇怪，就拥抱这些让你独特的东西。这也适用于你的个性。外向或是内向，吵吵闹闹地在桌子上跳舞或是安安静静地在酒吧里喝醉，我们都有些自己的小特点。清楚知道这一点，会让你离树懒的智慧更近一步。

慢慢活，管他死在何时

“慢慢活，管他死在何时！”
噢，枯萎的办公室灵魂，
噢，可悲的办公室午餐，
噢，这个周末要加班。
致敬休假，
致敬退休。
噢，闪亮的银行机器，
闪亮的黑皮鞋，
闪亮的钱币买来的闪亮手表，
涂满昂贵面霜的闪亮面庞。
加入我们吧！
拥抱树木！
摘掉领带！
（反正你也没办法用三只爪子系上它们。）
打个盹吧！
无论在下午三点还是在午夜！
花点时间，

去漫步。

花上一个月，

去吃一顿饭。

慢慢地在树枝间游荡，

鞋子掉在森林的土地上。

放下头发，

任由阳光施展它的魔法，

将自己从闹钟、警报器和进度表中慢慢释放。

相信我们，

我们是树懒，

我们随时欢迎你，

加入我们。

死死抓住你所拥有的

如果不把活着当一回事，那么面对死亡又有何惧？

——塞缪尔·巴特勒，英国作家

树懒冷知识： 树懒太懒了，甚至连死了都懒得从树上掉下来。树懒的抓力是如此之强，以至于它死后还紧紧抓着树枝不放。下次去哥斯达黎加的时候，记住这一点。你拍的那只可爱树懒正在树上打盹？它可能已经死了。

我们能从树懒的死亡中学到很多。它们死在它们热爱和珍视的地方（树上），紧紧抓住可能是它们最喜欢的东西（树枝）。到我们自己面对死亡的那一天，还有什么比这更让我们满足的呢？

然而，眼下有一种“运动”，它鼓励我们“整理”我们所关心的一切，清理自己的生活，为死亡做好准备。玛格丽塔·马格努松的《瑞典的遗物整理艺术》（*The Swedish Art of Death Cleaning*）是时下流行的北欧生活方式图书最新代表。压力太大？买个蜡烛。不开心了？像丹麦人一样生活。死亡临近？把你的房子打扫干净。这对一部分人可能确实有用，但树懒哲学希望你在接近生命终点的时候对自己好一点，不要把死亡这件事看得那么重。树懒哲学认为，你都已经活到现在了，为什么要突然开始清理一切？就为了给你那些可能不想帮你处理遗物的子孙后代们一点方便？你一生中积攒下来的那些东西里面，满满都是回忆，有它们各自的意义——而这都没问题呀。你和另一半更新婚礼誓言那一天的干花，工党老臣丹尼斯·斯金纳重新竞选时的竞选徽章，一瓶你妈妈的香水，一块放了很久的奇巧巧克力。把这些全都留下来吧。（其实你也可以把那块奇巧给吃了。）

总结
人生苦短，花时间做爱做的事吧

我闲着的时候最开心。我可以连续几个月什么正事都不做，那之后我就会觉得神清气爽，精力充沛，可以再过上几个月这样的日子了。

——阿蒂默斯·沃德，美国幽默作家

树懒冷知识：根据种类的不同，树懒的寿命在20到30年之间。圈养起来的树懒最多能活到40岁。

总而言之，没有人能够保证自己在这个世界上活多久。说真的，我们现在都还活着就已经是个奇迹了。在17世纪的英国，人们的平均预期寿命只有35岁。即使你从分娩中幸存了下来，你还可能死于疾病，或过度劳累，或可怕的事故。今天我们的生存条件好了一些，但当然，能活多久还是取决于机会和运气——我们永远不知道前方路上有什么在等着我们。所以啊，向树懒学习，充分利用你还存在于这个地球上的时间吧。把时间花在你爱做的事情上——睡觉，出去玩，给别人带来快乐。[1]你想做什么就去做什么！这可是你的生活！

[1] 或者去吃点东西吧。树懒哲学认为冰激凌能让你的生活更加充实。

你做到了！你读完了整本书。也可能你只是浏览了一下。

不管怎么样，我们都为你感到骄傲。

作者和出版社不为书籍内容中出现的任何错误和遗漏负责，也不为读者根据书中信息采取的任何行动所导致的后果负责。读者须自行承担这些行动带来的任何风险。本书不能替代医疗专业人士意见，读者在采取任何行动前应先行寻求专家的意见。